Holger Reibold

Alfresco 5.0 kompakt

Alle Rechte vorbehalten. Ohne ausdrückliche, schriftliche Genehmigung des Verlags ist es nicht gestattet, das Buch oder Teile daraus in irgendeiner Form durch Fotokopien oder ein anderes Verfahren zu vervielfältigen oder zu verbreiten. Dasselbe gilt auch für das Recht der öffentlichen Wiedergabe.

Der Verlag macht darauf aufmerksam, dass die genannten Firmen- und Markennamen sowie Produktbezeichnungen in der Regel marken-, patent- oder warenrechtlichem Schutz unterliegen. Verlag und Autor übernehmen keine Gewähr für die Funktionsfähigkeit beschriebener Verfahren und Standards.

© 2015 Brain-Media.de

Herausgeber: Dr. Holger Reibold

Umschlaggestaltung: Brain-Media.de

Satz: Brain-Media.de

Korrektur: Theresa Tting

Coverbild: Mister Vertilger / photocase.de

ISBN: 978-3-95444-210-2

Inhaltsverzeichnis

Vorwort

In Unternehmen entstehen täglich bergeweise Dokumente. Doch bei den Mengen und der Vielfalt der verschiedensten Dokumente und Content-Elemente versagen klassische Ablagesysteme. Heute bedarf es professioneller Lösungen, die das Verwalten und die Zugriffsteuerung übernehmen.

In diesem Bereich nimmt Alfresco eine Ausnahmestellung ein, denn diese Lösung definiert das Dokumentenmanagement neu. Alfresco bietet verschiedene neue und erweiterte Konzepte für das Handling unterschiedlichster Dokumententypen – und das alles bei einem Maximum an Sicherheit. Dabei ist das System so flexibel ausgelegt, dass es in kleineren Unternehmen genauso eine gute Figur wie in Großunternehmen macht.

Das vorliegende Buch nimmt Sie mit auf eine Reise durch die verschiedenen Funktionen und Möglichkeiten, die die Alfresco Community Edition Unternehmen bietet. Dabei erhalten Sie einen umfassenden Überblick über die breit gefächerten Anwendungsbereiche. In diesem Einstieg erfahren Sie, wie Sie Alfresco 5.0 installieren und konfigurieren. Sie lernen die wichtigsten administrativen Aufgaben genauso kennen, wie die Integration von gängigen Office-Lösungen. Neben dem Verwalten und Erstellen von Dokumenten sind das Bearbeiten der Metadaten, die Kategorisierung von Medien und der Netzwerkzugriff weitere wichtige Themen.

Ein weiterer Schwerpunkt sind die Alfresco-Regeln, mit denen Sie Managementaufgaben weitgehend automatisieren können. In diesem Einstieg lernen Sie auch die systemseitige Konvertierung von Dokumenten und die Workflow-Funktion kennen. Ein weiteres wichtiges Thema sind der Import und Export von Dokumenten. Das vorliegende Buch wendet sich an all jene, die mit wenig Aufwand herausfinden wollen, ob Alfresco 5.0 Community Edition ihr optimales Dokumentenmanagementsystem ist und wie man damit erste Schritte geht.

Ich wünsche Ihnen dabei viel Erfolg!

Herzlichst,

Holger Reibold
(Oktober 2015)

1 Dokumentenmanagement mit Alfresco

In Unternehmen gleich welcher Couleur entstehen tagtäglich unzählige Dokumente. Doch je mehr Dokumente entstehen, umso schwieriger wird es, den Überblick über die Datenberge zu behalten. Und je mehr Dokumente entstehen und je mehr Mitarbeiter damit beschäftigt sind, umso schwieriger wird deren Verwaltung.

In der Praxis verschwenden viele Mitarbeiter viel zu viel Zeit damit, wichtige Dokumente und Unterlagen zu suchen. Und kaum etwas ist nerviger und zeitraubender also die Suche nach Informationen, die dringend benötigt werden, aber nicht aufzufinden sind.

Doch für Computer stellt das Ablegen, das Verwalten und die Suche nach Dokumenten und deren Inhalten kein Problem dar. Die Lösung für das Ablage- und Suchproblem ist einfach: Überall dort, wo Dokumente und Informationen in nennenswerten Stückzahlen abgelegt werden müssen und bei Bedarf schnell verfügbar sein sollen, lohnt sich die Inbetriebnahme eines Dokumentenmanagementsystems.

Sie können selbst große Dokumentenmengen ohne Aufwand erfassen und verwalten. Das Ergebnis: Eine spätere Suche führt schnell zum gewünschten Dokument. Dokumentenmanagementsysteme sorgen für mehr Transparenz, was letztlich der Produktivität und Arbeitsqualität zugute kommt. Dabei müssen sie – wie wir später noch sehen werden – nicht teuer oder gar komplex in der Handhabung sein.

1.1 Die Probleme der klassischen Dokumentenablagen

Der Aufwand und die damit verbundenen Kosten für das Wiederherstellen von Dokumenten sind erheblich. Es gibt Studien, die kalkulieren für die Wiederbeschaffung bzw. Wiederherstellung 100 bis 200 EUR – pro Dokument wohlgemerkt. Im Gegenzug sind die Kosten für ein professionelles Ablagesystem (auch inklusive der laufenden Kosten) vernachlässigbar.

Ich will mich hier nun nicht mit Zahlen aufhalten, die in verschiedenen Studien genannt werden. Hier müsste man immer auch genau analysieren, von wem diese stammen und welchem Zweck sie letztlich dienen. Fakt ist aber: Unternehmen drohen in der rasant wachsenden Informationsflut und dem damit verbundenen Aufwand/Kosten zu ersticken.

Es ist unstrittig, dass Mitarbeiter viel zu viel Zeit damit verbringen, Dokumente zu suchen. Dabei wäre es für den Arbeitsfluss so wichtig, dass benötigte Informationen schnell und einfach zur Hand sind. Da oftmals kein einheitliches und für alle zugängliches Ablagesystem existiert, legt jeder Anwender im ungünstigsten Fall seine eigene Ablagestruktur an, die für andere nur schwer zugänglich ist.

Die gängigen Probleme beim Dokumentenhandling:

- Mitarbeiter benötigen viel zu viel Zeit für die Suche nach Dokumenten.

- Falsch abgelegte oder verlorene Schriftstücke verursachen teils erhebliche Schäden.

- Die Ablage der Dokumente erfolgt auf einzelnen Rechnern, nicht zentral.

- Redundante Informationen und verschiedene Dokumentenversionen verursachen hohe Kosten und verbrauchen Ressourcen.

- Hoher Aufwand für Korrespondenz und Datenübermittlung.

- Aufwändige Verwaltung, Ablage

- Hoher Prozentsatz an erfolglosen Dokumentenzugriffen aufgrund von falsch abgelegten, verschwundenen oder in Bearbeitung befindlichen Dokumenten.

- Manuelles Verschieben und Kopieren von Dokumenten auf andere Speicher.

- Speicherbelegung durch redundante Dokumente.

- Unübersichtliche Arbeitsprozesse, da Speicherort von Dokumenten oft unklar.

- Projekt- und Unternehmenswissen wird bei einzelnen Personen gehortet, statt es zentral verfügbar zu machen.

- Mobiler Zugriff problematisch bis unmöglich.

- Controlling-Aufgaben sind schwierig durchzuführen.

- Wildwuchs, da viele Anwender ihre eigenen Strukturen anlegen und diese nicht für andere zugänglich oder nicht dokumentiert sind.

- Eine Änderungskontrolle und gar eine Versionierung von MS Office-Dokumenten sind kaum möglich.

Damit dürften die wichtigsten Probleme genannt sein, mit denen Unternehmen und Mitarbeiter beim Umgang mit Dokumenten zu kämpfen haben. Die meisten Probleme können Sie einfach lösen, indem Sie in Ihrem Unternehmen oder in Ihrer Arbeitsgruppe ein Dokumentenmanagementsystem einführen.

1.2 Vorteile dank Dokumentenmanagement

Als Nächstes stellt sich unweigerlich die Frage, welche Vorteile die Einführung eines Dokumentenmanagementsystems bringt. Daran anschließend stellt sich eine weitere Frage: Welches ist denn eine geeignete Lösung?

Die meisten Unternehmen sind einem erheblichen Erfolgsdruck ausgesetzt. Dabei ist jeder Schritt willkommen, der hilft, die Arbeitsabläufe zu vereinfachen. Ein professionelles Dokumentenmanagementsystem dient der Senkung der Betriebskosten bei gleichzeitiger Steigerung der Produktivität. Für die Einführung einer solchen Umgebung sprechen folgende Punkte:

* Schneller Informationszugriff

* Beschleunigung der Arbeitsprozesse

* Verbesserte Transparenz von Vorgängen

* Verbesserte Controlling-Möglichkeiten

* Höhere Qualität der Vorgangsbearbeitung

* Wegfall von Verteilerkopien

* Minimierung von Fehlern

* Mehr Daten- und Dokumentensicherheit

* Deutlich weniger Dokumentenverlust

* Kostenreduktion bei wachsendem Geschäftsvolumen

* Geringerer Platzbedarf

* Entlastung von E-Mail Systemen

* Weniger Medienbrüche

* Einhaltung gesetzlicher Vorschriften

* Automatischer Aufbau einer unternehmensweiten, durchsuchbaren Wissensdatenbank

Ein nicht minder wichtiger Punkt: Durch den Einsatz einer modernen Lösung steigern Sie gleichzeitig auch die Mitarbeitermotivation. Diese können flüssiger arbeiten und sind weniger genervt vom zeitraubenden Suchen. Das schafft mehr Zeit für Kreativität.

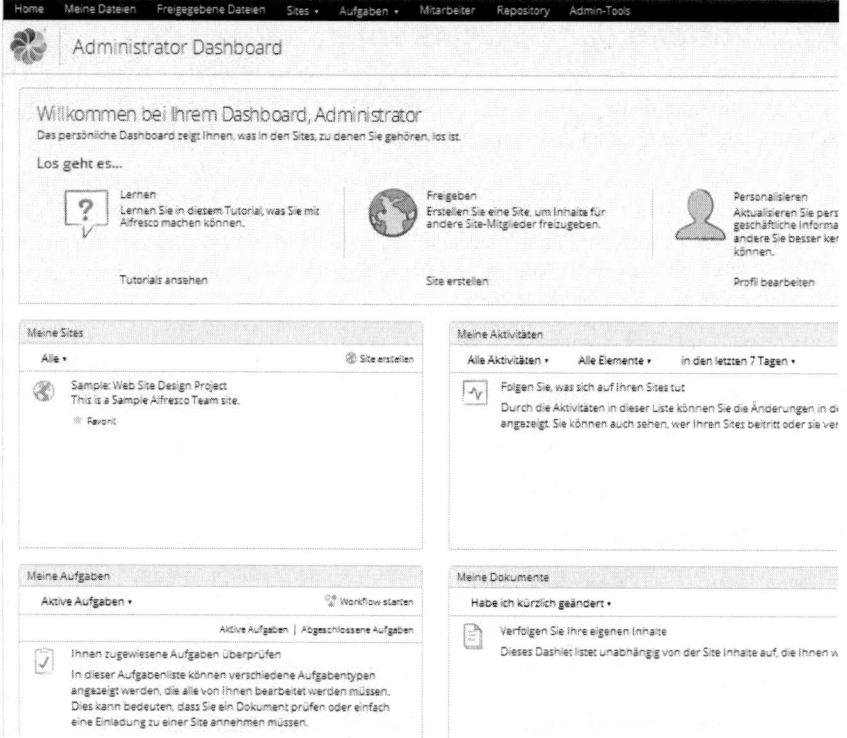

Ideal für kleine und mittlere Unternehmen: das Dokumentenmanagementsystem Alfresco Community Edition.

1.3   Die perfekte Lösung: Alfresco Community Edition

In Unternehmen dominieren MS Office-Dokumente. Daher benötigen Unternehmen eine Lösung, die insbesondere mit Office-Dateien umgehen kann, aber auch andere Formate wie PDF, XML etc. unterstützt. Außerdem sollte ein geeignetes System in der Lage sein, obige Anforderungen zu erfüllen und beispielsweise den

Remote-Zugriff erlauben. Im Idealfall ist es dann auch noch kostengünstig oder unterliegt sogar einer Open Source-Lizenz.

Gerne greifen Unternehmen zu MS SharePoint, doch diese Lösung unterliegt einigen Einschränkungen. Hier fallen beispielsweise Lizenzgebühren an, die man sich beim Einsatz einer freien Umgebung sparen kann.

Doch welche ist die optimale Alternative zu MS SharePoint? Wenn Sie ein wenig nach professionellen Dokumentenmanagementsystemen googeln, laufen Sie einer Lösung immer wieder unweigerlich über den Weg: Alfresco.

Dieses System ist in einer kommerziellen und einer freien Community Edition verfügbar. Die Community Edition deckt alle dokumentenspezifischen Anforderungen ab und kann insbesondere hervorragend mit MS Office-Dokumenten umgehen. Außerdem stehen Ihnen umfangreiche Steuer- und Managementfunktionen zur Verfügung.

Das Alfresco-System ist eine Ablage, die ein eigenes Server-System besitzt und die Content, Metadaten, Verknüpfungen und Volltextindexes bereitstellt.

Das Beste dabei: Es handelt sich um eine Out-of-the-box-Anwendung, die Sie einfach installieren und direkt damit loslegen können. Sie können mit Alfresco aber nicht nur Ihre Dokumente verwalten, sondern es ist ein vollwertiges Content-Managementsystem. Auch eine Aufgabenverwaltung ist darin integriert.

1.4 Jede Menge Add-ons

Sollte Ihnen die Grundfunktionalität nicht genügen, ist auch das weiter kein Problem, denn Alfresco besitzt eine modulare Architektur, die um Add-ons funktional aufgebohrt werden kann.

Die Entwickler haben hierfür eine eigene Sub-Domain (*http://addons.alfresco.com*) angelegt. Dort finden Sie Erweiterungen für das Projektmanagement, das Online-Editieren von MS Office- und LibreOffice-Dokumenten, das Signieren, die Integration von Virenscannern, das Manipulieren von PDF-Dokumenten, das Qualitätsmanagement, das Reporting, den Bulk-Import von Dokumenten, die Verschlüsselung sowie der Datensynchronisation zwischen dem Alfresco-System und typischen Desktop-Rechnern. Für Alfresco stehen sogar Add-ons zur Verfügung, die die Überwachung des DMS mit Programmen wie Nagios & Co. erlauben.

Inzwischen gibt es weit über 350 Erweiterungen für das Alfresco-System. Da dürfte für jeden Geschmack und für alle typischen Anwendungsbereiche das passende Werkzeug dabei sein.

Und es kommt noch besser: Wenn Sie einen Dokumentenscanner wie den Fujitsu Snapscan besitzen, können Sie nicht nur Ihre MS Office-Dokumente darin verwalten, sondern auch alle bisherigen Dokumente. Die müssen nur digitalisiert und dann per FTP oder über eine Freigabe an das Dokumentenmanagementsystem übermittelt werden.

1.5   Architektur

Das Alfresco-System ist eine Java-basierte Umgebung, die auf jedem gängigen Betriebssystem installiert und ausgeführt werden kann. Die Installation ist einfach durchzuführen und nach wenigen Minuten steht Ihnen eine voll funktionstüchtige Umgebung zur Verfügung. Der Zugriff von Client-Seite erfolgt üblicherweise mit Hilfe eines Webbrowsers. Inzwischen existieren aber auch Apps für Android und iOS. Die Hauptfunktionen der Alfresco Community Edition:

- **Dokumentenmanagement**: Erlaubt das Verwalten und Teilen von Office-Dokumenten.

- **Aufzeichnungsmanagement**: Kontrolliert wichtige Informationen über die Bearbeitungsdauer.

- **Share**: Stellt eine unternehmensweite Freigabe zur Verfügung. Unterstützt dabei das Common Internet File System (CIFS).

- **Enterprise Portal**: Erlaubt das Erstellen von Intranet-Portalen. Neben Content- sind auch Report- und Analysefunktionen verfügbar.

- **Web Content Management**: Erlaubt das Erstellen von typischen Websites, die über das Internet zugänglich sind. Macht dabei Gebrauch von den internen Dokumenten.

- **Wissensmanagement**: Durch die zentrale Bündelung der Dokumente entsteht eine regelrechte Wissensdatenbank, in der das gesammelte Knowhow der Mitarbeiter zu finden ist.

- **Informationsveröffentlichung**: Alfresco kann die verschiedenen Informationen auf unterschiedlichen Kanälen ausgeben, lokal, global und zielgerichtet.

- **Fallmanagement**: Dank des Content-orientierten Modells können Sie für bestimmte Aufgaben und Fälle relevante Informationen zusammenfassen und daraus die notwendige Essenz generieren.

Das Herzstück des Alfresco-Systems ist der Server, der die Inhalte, Metadaten, Indizes und Verknüpfungen bereitstellt. Dank seiner modularen Architektur kann man das Basissystem durch bestehende Add-ons erweitern oder durch Eigenentwicklungen ergänzen. Alfresco bündelt die Funktionen für folgende Unternehmensbereiche:

- Dokumentenmanagement (DM)
- Web Content Management (WCM)
- Digital Asset Management (DAM)

Diese Grundfunktionen werden durch eine systemweite Suche und Funktionen für die Zusammenarbeit ergänzt.

1.5.1 Content Repository

Die Inhalte verwaltet Alfresco im sogenannten Content Repository. Das ist mit einer Datenbank vergleichbar, enthält aber weit mehr als nur Daten. Die Daten und die damit verknüpften Volltextindizes werden durch Solr-Indizes verwaltet. Im Repository werden auch die Verknüpfungen von Content-Elementen untereinander festgehalten. Das Repository implementiert folgende Dienste:

- Erzeugung, Modifikation, Löschen von Inhalten, Metadaten und deren Beziehungen untereinander
- Abfrage von Content
- Zugriffskontrolle auf Inhalte
- Versionierung von Inhalten
- Sperren von Inhalten
- Audits
- Import/Export
- Regeln und Verarbeitungsaktionen

Die sogenannten Nodes stellen Metadaten und Strukturen für die Content-Elemente zur Verfügung. Darin enthalten sein können Eigenschaften wie Name des Autors und Beziehungen zu anderen Knoten wie Ordnerhierarchie und Anmerkungen.

Die Content-Elemente sind über leistungsfähige Abfragesprachen durchsuchbar, die in einer PostgreSQL-Datenbank verwaltet werden.

1.5.2 Protokolle

Um sich in eine bestehende IT-Infrastruktur zu integrieren, muss Alfresco gängige Protokolle unterstützen, insbesondere solche, die den Zugriff auf Ordner und Dokumente erlauben.

Dank der breiten Protokollunterstützung kann ein Client auf die Umgebung zugreifen und innerhalb der Ablage navigieren, die Eigenschaften von Dokumenten abrufen und diese betrachten. Die meisten Protokolle erlauben dem Client außerdem das Aktualisieren und Bearbeiten der Ordnerstruktur sowie das Erzeugen von Dokumenten und das Schreiben von Inhalten. Einige Protokolle unterstützen darüber hinaus auch die Suche und die Versionierung.

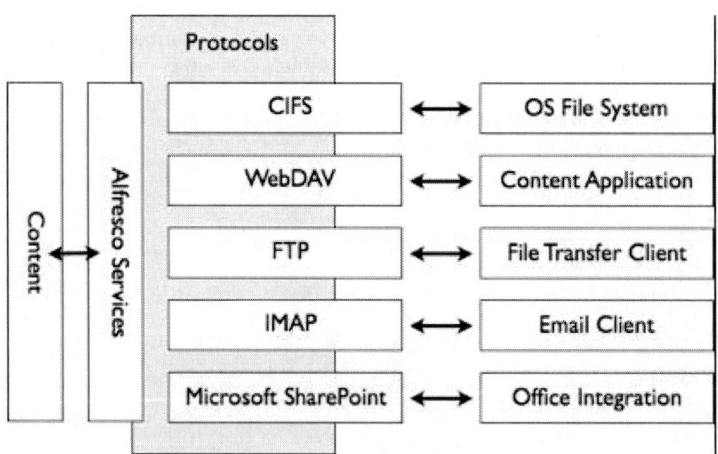

Das Zusammenspiel von Content, Protokollen und Clients (Quelle: Alfresco).

In Alfresco sind folgende Protokolle implementiert:

- **CIFS** (Common Internet File System): Die Unterstützung dieses Dateisystems erlaubt es dem Dokumentenmanagementsystem, Dateien zu lesen und schreiben.

- **WebDAV** (Web-based Distributed Authoring and Versioning): Dieses Protokoll ist eine Erweiterung von HTTP für das Authoring. Viele Tools unterstützen WebDAV – auch MS Office.

- **FTP** (File Transfer Protocol): Das Standardformat für die Übertragung von Dateien über das Internet.

- **IMAP** (Internet Message Access Protocol) IMAP ist ein komfortables E-Mail-Protokoll, das die serverseitige Bearbeitung von E-Mails erlaubt.

- **Microsoft SharePoint Protokolle**: Alfresco unterstützt auch Microsofts SharePoint-Protokolle. Für das Zusammenspiel mit MS Office wichtig: Alfresco kann wie ein SharePoint-Server agieren und Office-Dokumente integrieren.

2 Alfreso kennenlernen

Die Installation von Alfresco Community ist dank der Installer-Versionen, die über die Alfresco-Website verfügbar sind, kinderleicht. Nach der Installation können Sie sich das erste Mal in die Umgebung einloggen. Zunächst sollten Sie sich einen Überblick über die wichtigsten Funktionen der Umgebung verschaffen.

Beim Einloggen wird automatisch das sogenannte Dashboard geöffnet. Das besitzt im Kopfbereich eine Menüleiste, über die folgende Menüs verfügbar sind:

- **Home**: Öffnet die Startseite des Alfresco-Systems, das sogenannte Dashboard.

- **Meine Dateien**: In diesem Menü verwaltet jeder Benutzer seine eigenen Dateien.

- **Freigegebene Dateien**: Dieses Menü erlaubt Ihnen das schnelle Teilen von Dateien, ohne dass man diese einer Site hinzufügen muss.

- **Sites**: Dieses Menü erlaubt Ihnen das Erzeugen von eigenen Sites und die Darstellung der Sites, bei denen Sie Mitglied sind. Über den Site-Finder können Sie nach anderen Sites recherchieren.

Das Sites-Menü.

- **Aufgaben**: Hier verwalten Sie Ihre Aufgaben und können Workflows einsehen.

- **Mitarbeiter**: Dieses Menü stellt Ihnen eine Suche nach Mitarbeitern zur Verfügung.

- **Repository**: In diesem Menü werden alle Content-Elemente angezeigt, die in Alfresco gespeichert sind – zumindest dem Administrator werden sie angezeigt.

- **Admin Tools**: Dieses Menü ist nur für Systemadministratoren verfügbar. Sie haben Zugriff auf verschiedene Verwaltungsfunktionen und die Benutzerverwaltung.

- **Benutzermenü**: Das Menü mit Ihrem Namen erlaubt Ihnen den Zugriff auf Ihre Profileinstellungen.

- **Suche**: Die leistungsfähige Suchfunktion erlaubt die Recherche nach Dateien, Sites und Personen.

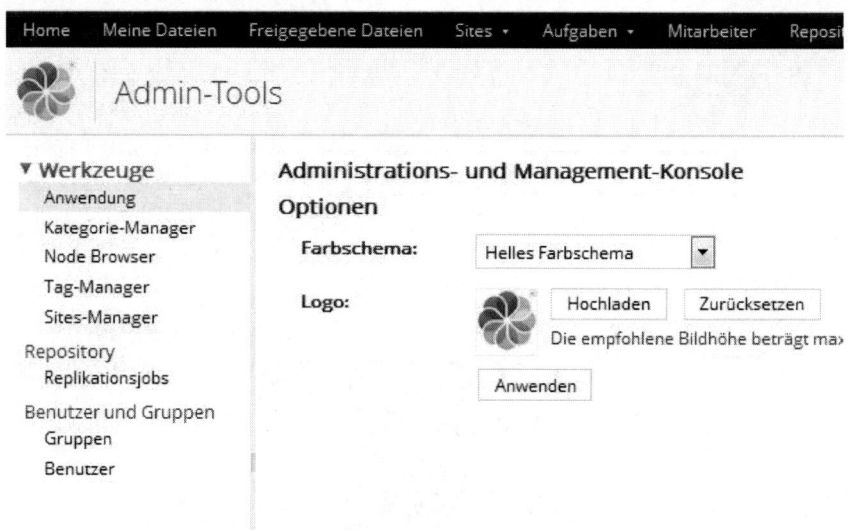

Ein erster Blick auf die administrativen Funktionen.

2.1   Dashlets

Als Nächstes folgt der Darstellungsbereich für die sogenannten Dashlets. Das sind mehr oder minder umfangreiche Module mit spezifischen Funktionen. Diese Dashlets können ein- und ausgeblendet werden.

Den Administrator begrüßt das Admin-Dashlet, das Ihnen den schnellen Zugriff auf die gängigsten Funktionen erlaubt. Es folgen bei einer Standardinstallation vier weitere Module:

- **Meine Sites**: Erlaubt den schnellen Zugriff auf Ihre Sites.

- **Meine Aktivitäten**: Hier erfahren Sie, was sich gerade auf Ihren Sites tut.

- **Meine Aufgaben**: Führt die aktuell anstehenden Aufgaben auf.

- **Meine Dokumente**: In diesem vierten Dashlet werden die für Sie wichtigen Dokumente aufgeführt.

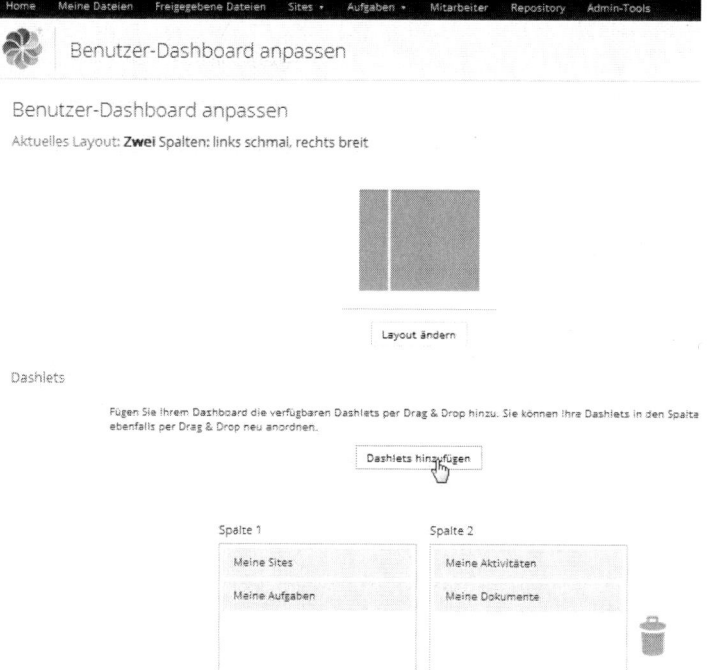

Das Bearbeiten der Dashlet-Konfiguration.

Sie können die Grundkonfiguration an Ihre eigenen Wünsche und Vorstellungen anpassen. Dazu klicken Sie in der rechts neben dem Dokumentenkopf *Administrator Dashboard* auf die Zahnradsymbol (*Dashboard anpassen*).

Im Anpassungsdialog können Sie zunächst das Layout anpassen. Neben dem 2-spaltigen Standardlayout (links schmal, rechts breit) können Sie vier weitere verwenden:

- Eine Spalte

- Drei Spalten, Mitte breit

- Zwei Spalten, links breit, rechts schmal

- Vier Spalten

Klicken Sie auf *Layout ändern*, um eine andere Gestaltung zu verwenden. Sie können im unteren Bereich die Anzahl und die Typen der Dashlets bestimmen. Dazu stehen Ihnen zwei Spalten zur Verfügung, die Sie mit Modulen befüllen können. Die Dashlets können per Drag&Drop verschoben werden – auch zwischen den beiden Spalten. Um ein Dashlet zu entfernen, markieren Sie den Eintrag und verschieben diesen in den Mülleimer.

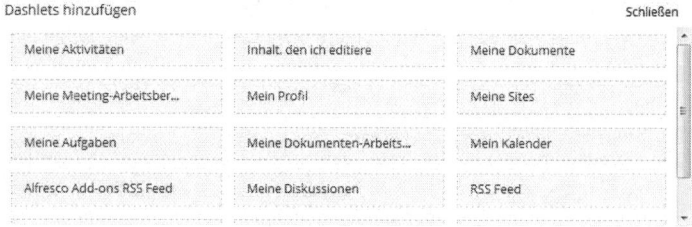

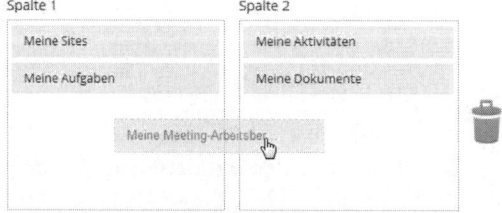

Das Bearbeiten der Dashlet-Konfiguration.

Um ein neues Dashlet auf der Startseite zu platzieren, klicken Sie auf die Schaltfläche *Dashlets hinzufügen*. Alfresco präsentiert Ihnen einen Auswahlbereich, über den Sie einfach die gewünschten Module in einer der beiden Spalten platzieren können. Ihnen stehen folgende Dashlets zur Verfügung:

- Meine Aktivitäten
- Inhalt, den ich editiere
- Meine Dokumente
- Mein Meeting-Arbeitsbereich
- Mein Profil
- Meine Sites
- Meine Aufgaben
- Mein Dokumenten-Arbeitsbereich
- Mein Kalender
- Alfresco Add-ons RSS Feed
- Meine Diskussionen
- RSS Feed
- Gespeicherte Suche
- Site-Suche
- Web Ansicht

Verschiedene Dashlets besitzen eine eigene Konfiguration, so beispielsweise das Modul *Gespeicherte Suchen*. Mit diesem Modul können Sie eine Suche einrichten und die Suchergebnisse anzeigen. Die Suche und ihr Name kann allerdings nur von einem Site-Manager konfiguriert werden. Das Dashlet eignet sich zur Erstellung von Berichtsansichten auf einer Site.

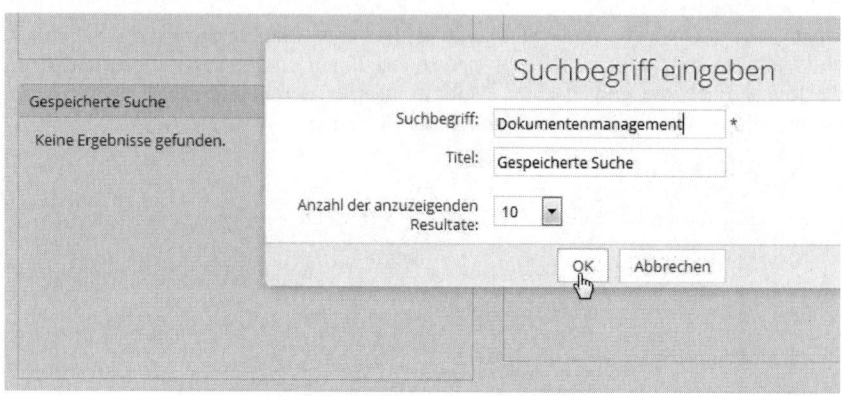

Die Konfiguration einer Suche.

Das Alfresco-System bietet Ihnen viele interessante Funktionen. So können Sie beispielsweise den Aktionen anderer Benutzer folgen. So sind Sie immer darüber informiert, welche Dokumente andere gerade anlegen oder bearbeiten. Und so gehen Sie vor:

1. Öffnen Sie das Menü *Mitarbeiter* und suchen Sie nach der gewünschten Person.

2. Öffnen Sie den Benutzereintrag mit einem Klick.

3. Öffnen Sie die Registerkarte *Ich folge ()*.

4. Durch Aktivieren der Option *Privat* können Sie Ihre Seite vor anderen Benutzern verstecken.

5. Damit folgen Sie dem Benutzer.

6. Um das Following wieder zu deaktivieren, wählen Sie *Nicht folgen*.

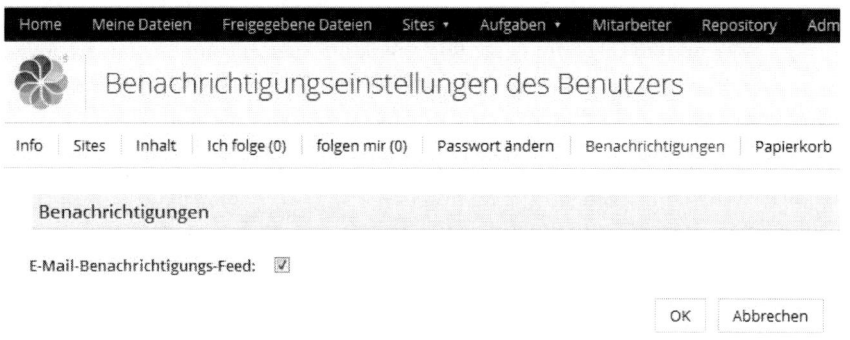

Die E-Mail-Benachrichtigungen können auch deaktiviert werden.

Standardmäßig erhalten Sie in Alfresco immer Benachrichtigungen, wenn sich wichtige Dinge innerhalb des Dokumentenmanagementsystems ändern. So werden Sie beispielsweise über Änderungen anderer Mitarbeiter informiert.

Sollte Sie das mehr stören als hilfreich sein, können Sie das einfach in den Profileinstellungen ändern. Führen Sie den Menübefehl *Administrator > Mein Profil* aus. Um die Hinweise zu deaktivieren, entfernen Sie das Häkchen der Option *E-Mail-Benachrichtigungs-Feed*. In *Administrator*-Menü können Sie verschiedene weitere interessante Aktionen ausführen. Sie können beispielsweise Ihren Status posten und das Passwort ändern.

2.2   Alfresco-Sites

Bei einer Alfresco-Site handelt es sich um einen Projektbereich, in dem Inhalte geteilt werden und in dem man mit anderen Site-Mitgliedern zusammenarbeiten kann. Jeder Alfresco-User kann eine Site erzeugen, wobei der Anlegende immer auch automatisch der Site-Administrator ist. Aber er kann auch weitere Administratoren anlegen.

Jede Site besitzt eine Kennzeichnung, ob sie öffentlich oder privat ist. Mit dieser Eigenschaft ist auch festgelegt, wer welche Site zu sehen bekommt und wie Benutzer Mitglieder werden können. Alfresco kennt drei Site-Typen:

- **Öffentliche Site**: Alle Benutzer können die Inhalte sehen, aber nur die Site-Mitglieder können mit den Inhalten arbeiten. Außerdem kann jeder Benutzer der Site beitreten.

- **Moderierte öffentliche Site**: Alle User können auf die Site zugreifen, aber nur die Site-Mitglieder können die Inhalte sehen und damit arbeiten. User müssen außerdem beim Moderator die Mitgliedschaft beantragen.

- **Private Sites**: Nur Site-Mitglieder können auf die Inhalte zugreifen. User müssen zum Eintritt eingeladen werden.

Ein Site-Manager kann andere Benutzer einladen – und zwar unabhängig davon, ob es eine öffentliche oder eine private Site ist. Jeder User kann außerdem seine Mitgliedschaft selbst beenden.

2.3   Zugriff auf Alfresco-Sites

Das Zugreifen auf eine Alfresco-Site ist einfach. Sie können einfach den Site-Finder für die Suche verwenden und aus dem Suchergebnis heraus darauf zugreifen. Ein alternativer Weg: Sie erhalten eine Einladung zu einer Site und folgen einfach dem Verweis in der Nachricht. Verweisen zu Sites können Sie auch in Dokumenten begegnen. Auch in einem solchen Fall folgen Sie einfach dem Link.

Der Zugriff auf Alfresco-Sites.

Das Menü *Sites* ist ein guter Ausgangspunkt für den Zugriff auf andere Sites. Neben dem Site-Finder können Sie über den Eintrag *Meine Sites* auf die Site zugreifen, deren Mitglied Sie sind. Das Site-Menü führt auch die zuletzt besuchten Sites und Ihre Favoriten auf.

Wenn Sie auf eine andere Site zugreifen, präsentiert diese Ihnen immer zunächst das Site-eigene Dashboard. Das bietet Ihnen in der Regel einen Überblick über die wesentlichen Aufgaben und Elemente.

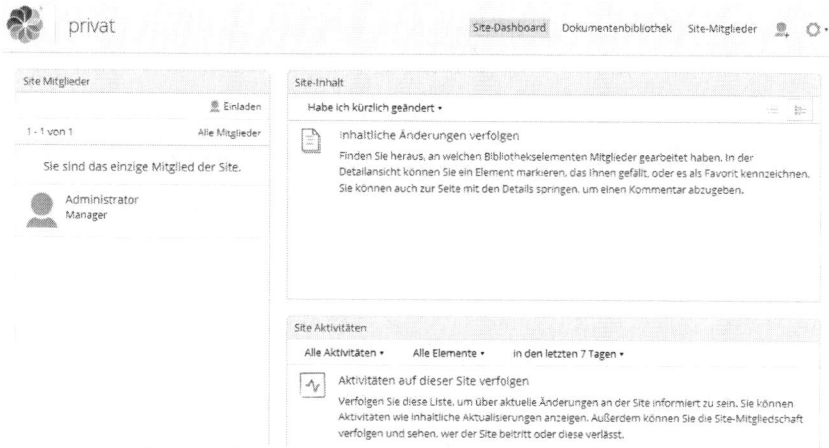

Eine typische Site und deren wichtigsten Elemente.

Wenn Sie auf eine andere Site zugreifen, so präsentiert diese Ihnen in der Standardkonfiguration die Site-Mitglieder, die Inhalte und die Aktivitäten. So erhalten Sie schnell einen Überblick, ob sich dort für Sie relevante Informationen finden.

Um eine neue Site anzulegen, führen Sie den Menübefehl *Site > Site erstellen* aus. Weisen Sie der neuen Site eine Bezeichnung und optional eine Beschreibung zu. Das URL-Feld füllt Alfresco automatisch auf Grundlage des Site-Namens aus, aber Sie können auch eine eigene URL verwenden.

Bestimmen Sie außerdem den Typ und die Sichtbarkeit. Mit einem Klick auf *OK* legen Sie die neue Site an.

Das Anlegen einer Alfresco-Site.

Nach dem Anlegen können Sie sich ersten administrativen Aufgaben widmen. Sie können beispielsweise über das *Eigenschaften*-Menü erste Anpassungen vornehmen oder neue Benutzer und Inhalte hinzufügen.

Insbesondere das Menü *Einstellungen > Site anpassen* hat es in sich. Standardmäßig verfügt eine neue Site lediglich über eine Bibliothek und eine Ansicht der Mitglieder und Aktivitäten. Aber das können Sie über das *Anpassen*-Formular einfach ändern. Sie können folgende Module aktivieren:

- Kalender
- Wiki
- Diskussionen
- Blog
- Links
- Datenlisten

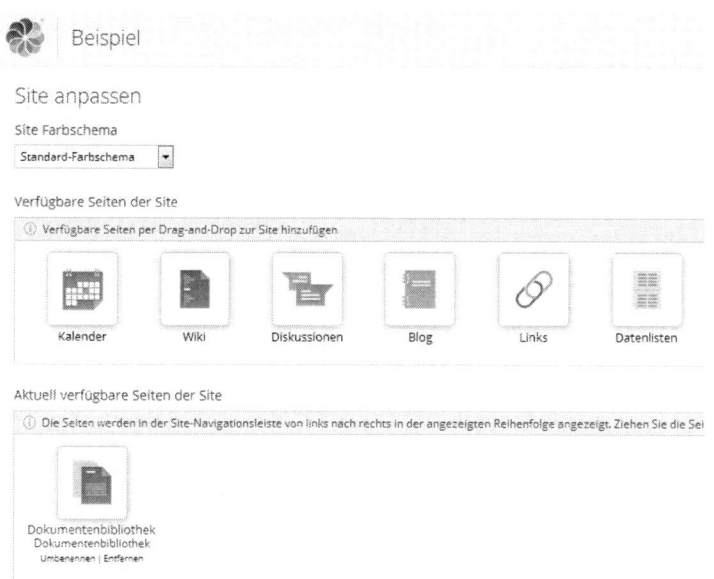

Das Anpassen der neuen Site.

Um eine Site um eine dieser Komponenten zu erweitern, markieren Sie in der Liste der verfügbaren Seiten einen entsprechenden Eintrag und ziehen diesen in den Bereich der aktuell verfügbaren Module. Dort können Sie die Einträge umbenennen und auch wieder entfernen.

Sie können auch nicht mehr benötigte Sites aus der Umgebung entfernen. Dazu verwenden Sie den Site-Finder und recherchieren nach der betreffenden Site. Aus dem Suchergebnis heraus können Sie sich aus der Site abmelden oder diese mit einem Klick auf die *Löschen*-Schaltfläche entfernen.

2.4 Mitglieder verwalten

Nachdem Sie eine neue Site angelegt und dort die gewünschten Funktionen aktiviert haben, geht es im nächsten Schritt darum, erste Benutzer anzulegen und diese den Sites zuzuweisen.

Hierfür stehen Ihnen mehrere Wege offen. Sie können interne, aber auch externe Anwender in das System integrieren. Der übliche Weg: Sie legen mit Hilfe der Admin-Tools Mitarbeiter an. Im nächsten Schritt öffnen Sie dann die Site-Einstellungen und führen die Funktion *Benutzer einladen* aus. Die ist über die

Mitgliederübersicht und über das zugehörige Icon in der rechten oberen Ecke verfügbar.

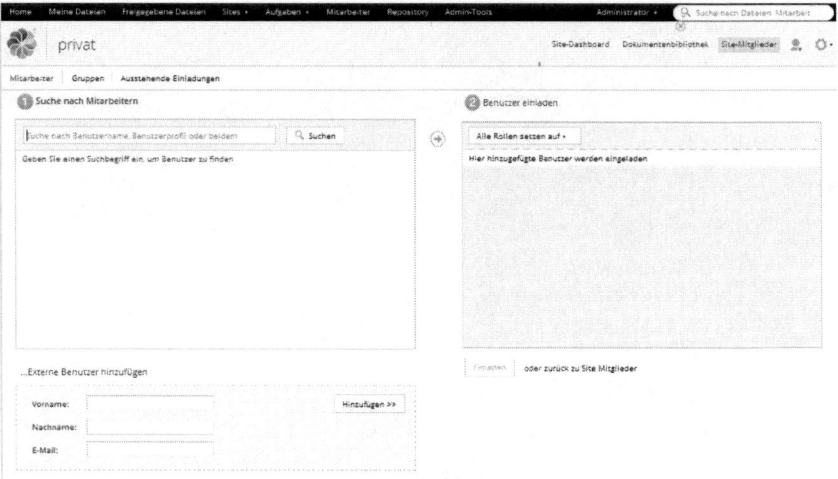

Die Funktionen für das Einladen von Anwendern.

In dem zugehörigen Dialog verwenden Sie die Suche, um nach den gewünschten Mitarbeitern zu suchen. Bereits mit der Eingabe der ersten Zeichen werden die passenden Einträge in dem Listenfeld aufgeführt. Sie können nach Benutzernamen und Profilen recherchieren.

Markieren Sie einen Eintrag und klicken Sie auf *Hinzufügen*. Im Feld 2 weisen Sie dem neuen User eine Rolle zu. Sie haben die Wahl zwischen folgenden Optionen:

- Manager

- Mitarbeiter

- Beitragender

- Verbraucher

Klicken Sie als Nächstes auf die Schaltfläche *Einladen*, um den oder die Personen für Ihre Site zu gewinnen.

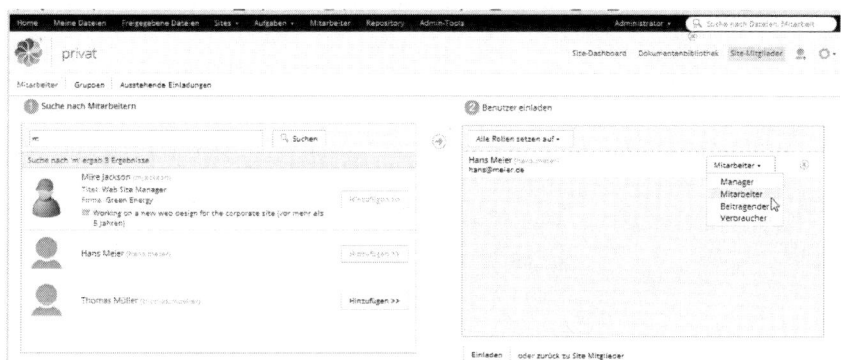

Die Auswahl der einzuladenden Anwender.

Sie können auch Personen einladen, die nicht in dem System als Mitarbeiter oder anderer User registriert sind. Dazu verwenden Sie das Feld *Externe Benutzer hinzufügen* und geben den Vor- und Zunamen sowie die E-Mail-Adresse an.

2.5 Die Bibliothek kennenlernen

In der Bibliothek verwalten Sie Ihre Dokumente und multimedialen Dateien. Die werden üblicherweise in das System hochgeladen und können dann mit entsprechenden Berechtigungen versehen und mit anderen Anwendern geteilt werden.

Sie können aber auch direkt im Dokumentenmanagementsystem neue Dateien anlegen. Der Zugriff auf die Bibliothek erfolgt über das Menü *Meine Dateien*.

In der Bibliothek können Sie den hochgeladenen oder bearbeiten Dokumenten benutzerdefinierte Bezeichnungen und natürlich individuelle Rechte zuweisen.

Über Filter und Ordner können Sie die Ansicht einschränken bzw. für die notwendige Ordnung sorgen. Die Bibliothek ist übersichtlich aufgebaut: Links finden Sie die Navigationsleiste, mit der Sie sich in der bestehenden Ordnerstruktur bewegen können, rechts die dazugehörigen Details und Ansichten.

Über das rechts befindliche *Optionen*-Menü können Sie zwischen verschiedenen Ansichten wechseln. Standardmäßig ist die Detailansicht aktiviert.

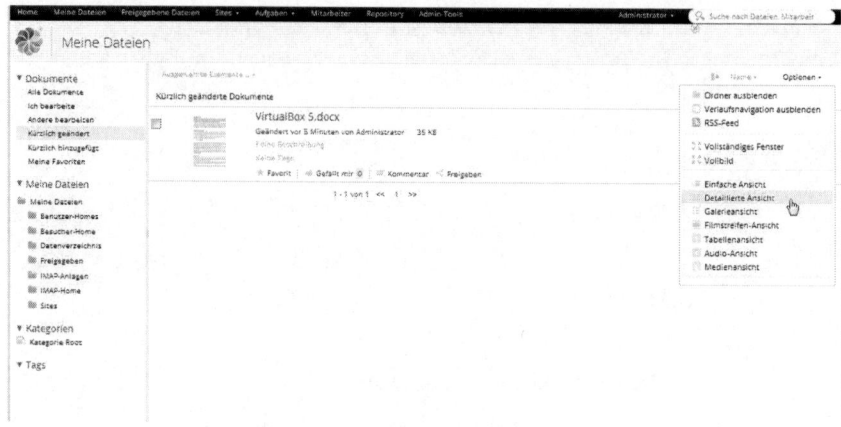

Welche Ansicht darf's denn sein?

Meist sind die ersten Aktionen das Speisen des Systems mit neuen Dokumenten. Dazu klicken Sie in der Kopfzeile auf die Schaltfläche *Hochladen* und führen dann den Upload durch. Über Add-ons ist auch der Upload von Hunderten Dokumenten möglich.

Über die linke Navigationsleiste können Sie sich bequem in den Dokumenten und den Strukturen bewegen.

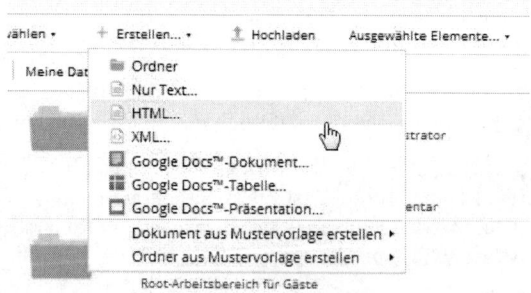

Das Anlegen von neuen Dokumenten und Ordnern.

Das Besondere an Alfresco ist auch, dass Sie in der Umgebung unmittelbar neue Dokumente anlegen können. Über das *Erstellen*-Auswahlmenü können Sie verschiedene Dokumententypen erstellen. Auch das Erstellen von neuen Ordnern ist hier möglich.

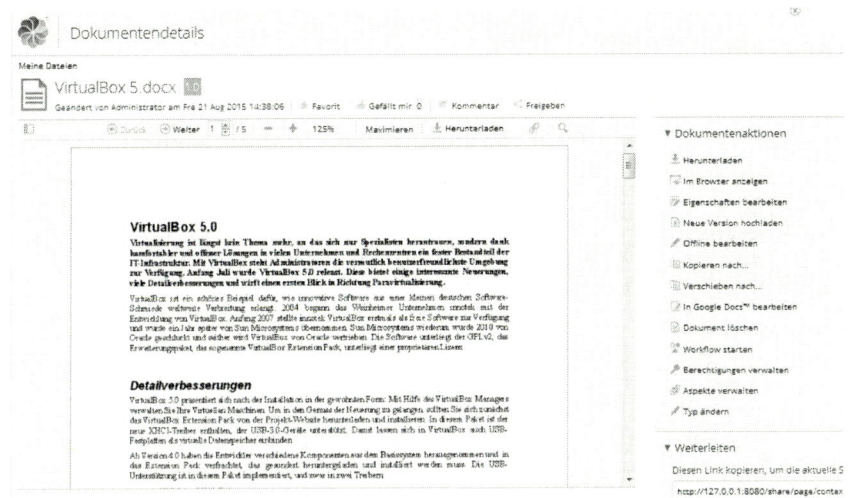

Ein geöffnetes Word-Dokument in Alfresco Community Edition.

Um Ihnen einen ersten Eindruck von den vielen dokumentenspezifischen Funktionen zu vermitteln, die Alfresco zu bieten hat, laden wir exemplarisch ein Word-Dokument in das System und greifen dann über die Web-Schnittstelle darauf zu.

Alfresco präsentiert Ihnen die Dokumentendetails, eine Vorschau und unzählige Dokumentenaktionen. Sie können beispielsweise die Dokumenteneigenschaften bearbeiten, es in Google Docs öffnen, eine Workflow starten und die Berechtigungen verwalten. Auch das Weiterleiten ist möglich. In der rechten unteren Ecke finden Sie die URL, über die auf das Dokument zugegriffen werden kann. Wie wir später noch sehen werden, können Sie insbesondere Office-Dokumente komfortabel bearbeiten.

Wenn Sie in der Dokumentenansicht nach unten navigieren, können Sie rechts die Dokumenteneigenschaften und Workflow-Funktionen verwenden. Auch der Bearbeitungsverlauf wird hier angezeigt.

Eine weitere praktische Funktion der Bibliothek sollten Sie noch kennen: Wenn Sie einen Ordner öffnen, so können Sie die Dateien per Drag&Drop direkt in das System ziehen. Das funktioniert beispielsweise bei den Dokumentenablagen der Benutzer.

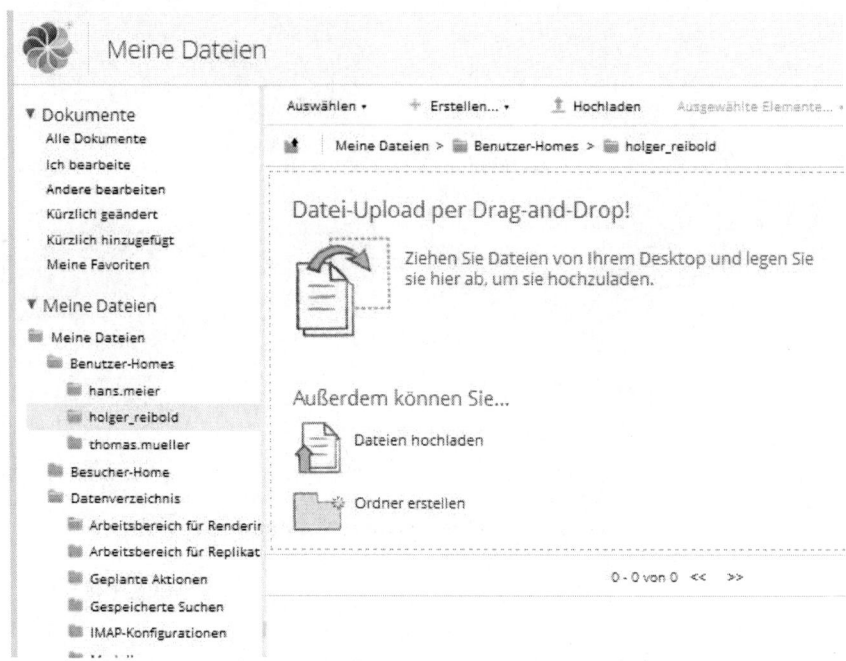

Die Ablagen im DMS können per Drag&Drop gefüllt werden.

Zu jedem Ordner und zu jeder Datei können Sie die Berechtigungen bearbeiten. Dazu öffnen Sie die Detailansicht und führen den Befehl Berechtigungen *verwalten* aus. In dem zugehörigen Dialog können Sie dann die gewünschten Rechte zuweisen. Diese sind in Form von Gruppenzugehörigkeiten und Rollen definiert. Diese bearbeiten Sie in der Alfresco-Administration.

2.6   Regeln

In der Bibliothek können Sie mit sogenannten Ordnerregeln die Verwaltung Ihres Contents automatisieren. Dabei sind viele verschiedene kreative Lösungen vorstellbar, ohne dass eine einzige Aktion von Ihnen notwendig wäre. Einige Beispiele vermitteln Ihnen einen Eindruck, was Sie mit dieser Funktion alles anstellen können:

- Für alle Dokumente in dem Entwurfsordner kann die Versionierung aktiviert werden.

- Für Dateien im Entwurfsordner wird automatisch ein einfacher Workflow angelegt.

- Allen Dateien im Ordner *Erledigt*, werden entsprechend getaggt und dann archiviert.

- GIF-Dateien, die in einen Bilderordner kopiert werden, wandelt das System in PNG-Dateien um.

- Präsentationen in einem öffentlichen Ordner werden automatisch nach Flash transformiert.

Eine entsprechende Content-Regel besteht aus drei Teilen:

- Das Ereignis, das die Regel auslöst (Trigger).

- Die Bedingung, die der Content erfüllen muss.

- Die Aktion, die auf den Content angewendet wird.

Folgende Ereignisse können eine Regel auslösen:

- Ein Content-Element wird in einen Ordner kopiert.

- Ein Content-Element wird aus einem Ordner entfernt.

- Ein Content-Element wird modifiziert.

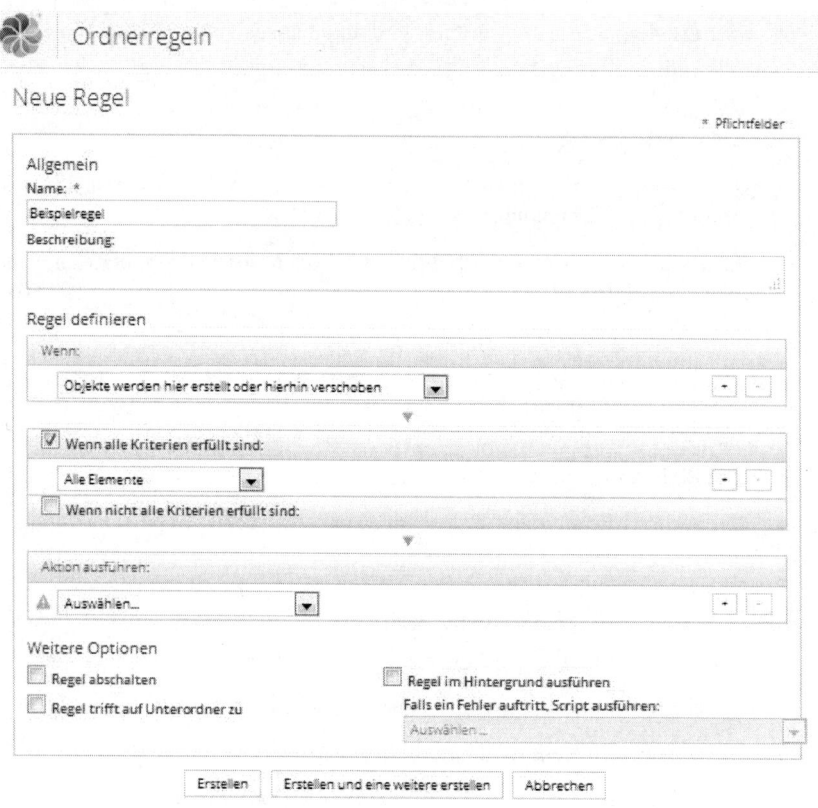

Das Anlegen einer Ordnerregel.

Das Anlegen einer solchen Regel ist – wie so vieles in Alfresco – wieder sehr einfach. Führen Sie den Mauszeiger über den Ordner, dessen Einstellungen Sie bearbeiten wollen. Im rechten Bereich öffnet sich ein Menü, in dem Sie den Befehl *Mehr > Regeln verwalten* ausführen.

Da vermutlich noch keine Regel existiert, können Sie eine neue anlegen oder den Ordner mit einer bereits existierenden Regel eines anderen Ordners verknüpfen. Wir entscheiden uns für das Erstellen einer neuen Regel. Folgen Sie dem Verweis *Regel erstellen*.

In dem zugehörigen Dialog weisen Sie der Regel zunächst eine Bezeichnung zu, optional eine Beschreibung. Als Nächstes bestimmen Sie den Trigger. Dazu wählen Sie aus dem Auswahlmenü *Regel definieren* eine der folgenden Bedingungen:

- Objekte werden hier erstellt oder hierhin verschoben

- Objekte werden aktualisiert

- Objekte werden gelöscht oder aus diesem Ordner verschoben

Sie können über das Pluszeichen am Ende des Auswahlmenüs weitere Bedingungen verwenden.

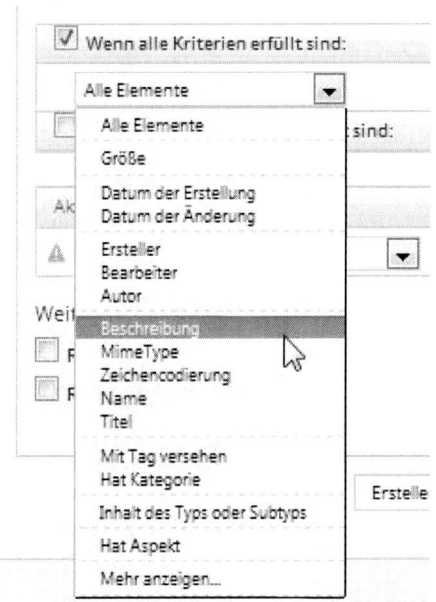

Die Auswahl der Elemente, auf die die Regel angewendet wird.

Als Nächstes bestimmen Sie über ein umfangreiches Auswahlmenü das Element, das die Grundlage der Bedingung bildet. Sie können es aus- oder einschließen.

Ist die Bedingung angelegt, konfigurieren Sie im nächsten Schritt die auszuführende Aktion. Auch hierfür steht Ihnen wieder ein umfangreiches Auswahlmenü zur Verfügung, in dem Sie beispielsweise das Verschieben, den Versand einer E-Mail, das Umwandeln eines Bildes oder den Import als Aktion auswählen können.

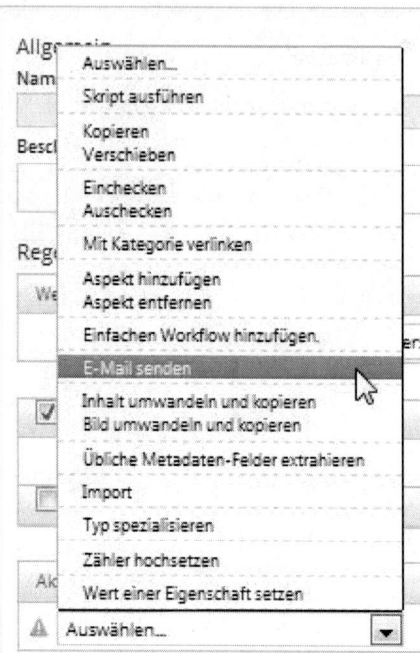

Die Auswahl einer Aktion für die neue Regel-Konfiguration.

Mit einem Klick auf *Erstellen* legen Sie die erste Regel-Konfiguration an. Die neu angelegte Regel landet automatisch in der Regel-Verwaltung. Dort können die Anwendungsreihenfolge verändert und Regeln gelöscht werden.

Alfresco erlaubt auch das Bündeln von Regeln zu Regelsätzen. Auf diesem Weg können Sie sogar einfache Workflows anlegen.

2.7   Mit Inhalten jonglieren

Die Kernfunktion von Alfresco ist die Verwaltung von Inhalten. Daher stellt Ihnen das Alfresco auch jede Menge Funktionen für das Erzeugen von Ordnern und Dateien zur Verfügung. Sie und andere Mitarbeiter können Inhalte markieren, organisieren und natürlich bearbeiten

Eine tolle und sehr benutzerfreundliche Funktion haben Sie oben bereits kennengelernt: Die Drag&Drop-Unterstützung, die es Ihnen erlaubt, Dokumente und sonstige Medien mit der Maus in das System zu ziehen.

Öffnen Sie zunächst das Menü *Meine Datei* und dort den Ordner, den Sie mit weiteren Daten befüllen wollen. Markieren Sie auf Ihrem Desktop die Dateien, die Sie mit Alfresco verwalten wollen, und ziehen diese in die Ablage.

Alfresco stellt Ihnen für das Bearbeiten von Dateien und Ordner verschiedene Funktionen zur Verfügung. Auf diese greifen Sie zu, indem Sie den Mauszeiger über ein Objekt führen und dann den Befehl *Eigenschaften bearbeiten* ausführen. Je nach Objekttyp steht Ihnen dann ein mehr oder minder umfangreiches Bearbeitungsformular zur Verfügung.

Bei einem Dokument können Sie insbesondere den Namen, den Titel, die Beschreibung, den Autor und den Eigentümer bearbeiten.

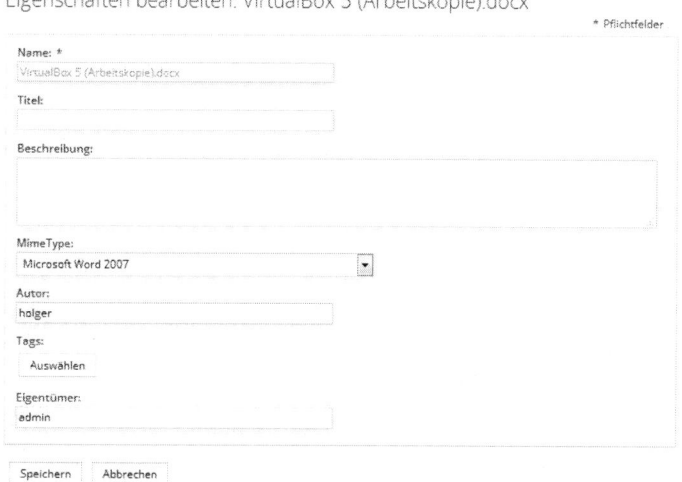

Das Bearbeiten der Dokumenteneigenschaften.

Sie können Ihre Objekte außerdem mit sogenannten Tags kennzeichnen. Das sind Metadaten, also Daten über ein Objekt, die insbesondere die Suche in riesigen Datenbeständen vereinfachen und beschleunigen. Außerdem können Sie Kategorien verwenden, um Inhalte besser zu strukturieren.

In Alfresco können Sie folgende Elemente mit Tags kennzeichnen:

- Dateien und Ordner

- Wiki-Seiten

- Blog-Beiträge

- Dokumente

- Diskussionsthemen

- Kalendereinträge

- Links

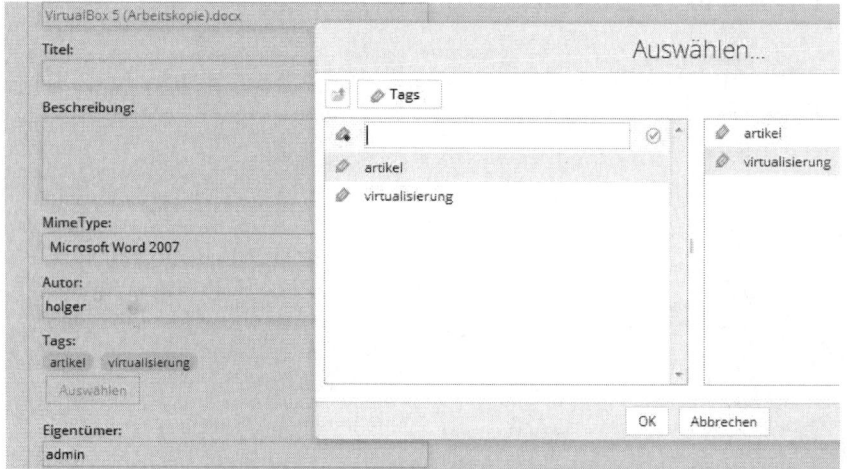

Das Anlegen und Zuweisen von Tags.

Die Verwendung der Tag-Funktion ist einfach: Öffnen Sie zunächst die vollständigen Eigenschaften des Objekts. Und klicken Sie dann im Bereich *Tags* auf die Schaltfläche *Auswählen*.

In dem gleichnamigen Dialog können Sie Tags anlegen und auswählen. Da Sie bei einer Erstinstallation natürlich noch keine angelegt haben können, ist das der erste Schritt. Geben Sie das Tag in das Eingabeformular ein und klicken Sie auf das Betätigungshäkchen. Um dem Objekt ein Tag zuzuweisen, klicken Sie rechts neben dem Eintrag auf das Pluszeichen.

2.8 Löschen und wiederherstellen

Sie können natürlich Dokumente und Ordner auch löschen. Dazu führen Sie den Mauszeiger wieder über das Objekt, das Sie nicht mehr benötigen und führen mit *Mehr* den Befehl *Ordner löschen* bzw. *Dokument löschen* aus.

Gelöschte Objekte landen zunächst im Papierkorb. Der ist – ein wenig irritierend – nicht in der Ordnerstruktur zu finden, sondern in den Profileinstellungen. Auf der Registerkarte *Papierkorb* finden Sie alle gelöschten Objekte und können diese endgültig entfernen oder wiederherstellen.

In der Bibliothek verwaltet jeder Benutzer seine eigenen Inhalte. Aber Sie können natürlich auch mit Inhalten anderer Benutzer arbeiten, Ihre eigenen Inhalte für andere freigeben und auch mit unternehmens- oder arbeitsgruppenweiten Ablagen arbeiten.

Auf die Dateien, die sich im Menü *Meinen Dateien* befinden, haben nur Sie und der Systemadministrator Zugriff. Unter *Freigegebene Dateien* finden Sie die Objekte, die für alle Mitarbeiter im Unternehmen zugänglich sein sollen. Sie können einfach per Drag&Drop oder mit Hilfe der Upload-Funktionen Dateien in diese Ablage verschieben.

Dann kennt Alfresco noch das Repository. Hier können Sie alle Inhalte einsehen, auf die Sie Zugriff haben. Das bedeutet nicht, dass Sie mit all diesen Dateien arbeiten können, aber in dieser Ansicht haben Sie einen Blick aus der Vogelperspektive auf die Content-Elemente.

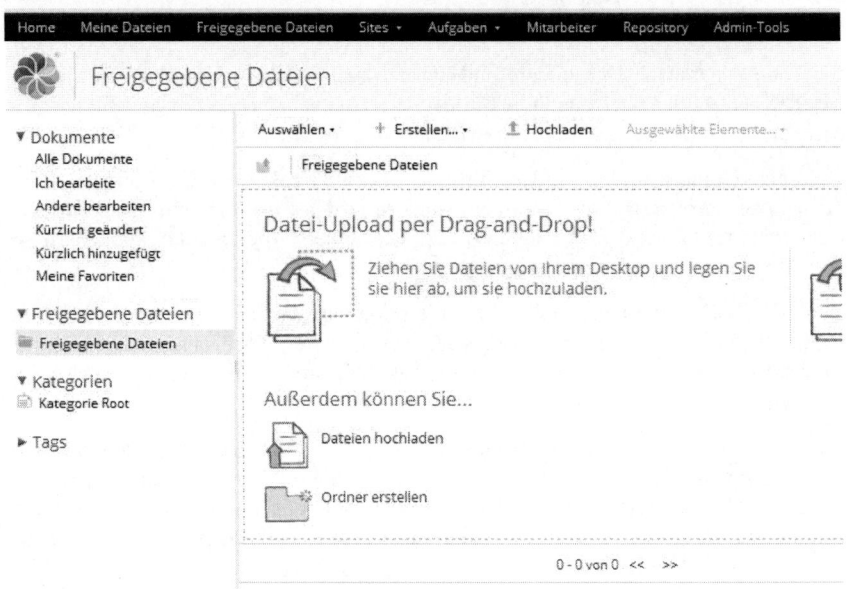

Ein Blick auf die freigegebenen Dateien.

Bei einer Neuinstallation sind zwar bereits in der Admin-Konsole einige Beispiel-dateien und Ordner angelegt, doch freigegeben sind bislang noch keine Objekte. Das können Sie einfach im Menü *Freigegebene Dateien* ändern.

Um Dateien und/oder Ordner aus *Meine Dateien* freizugeben, markieren Sie diese in der Ansicht *Meine Dateien* und kopieren diese in die Freigabe.

2.9 Aufgaben und Workflows

Sie können mit Alfresco nicht nur Dokumente horten und diese in eine Struktur zwängen, sondern den Mitarbeitern auch Aufgaben und Workflows zuweisen, mit denen Sie die notwendigen Bearbeitungsschritte verfolgen können. Sie können Aufgaben und Workflows anlegen. Was Aufgaben sind, dürfte den meisten Lesern klar sein, was aber ist ein Workflow genau? Ein Workflow kontrolliert die Ausfüh-rung einer Aufgabe. Dazu gehört beispielsweise die Dokumentenprüfung.

Jede Aufgabe kann einer oder mehreren Personen zugewiesen werden. Wer einen Workflow anlegt, kann dafür sorgen, dass automatisch eine Benachrichtigungs-E-Mail an die Benutzer verschickt wird, denen eine Aufgabe als Teil des Workflows zugewiesen wurde.

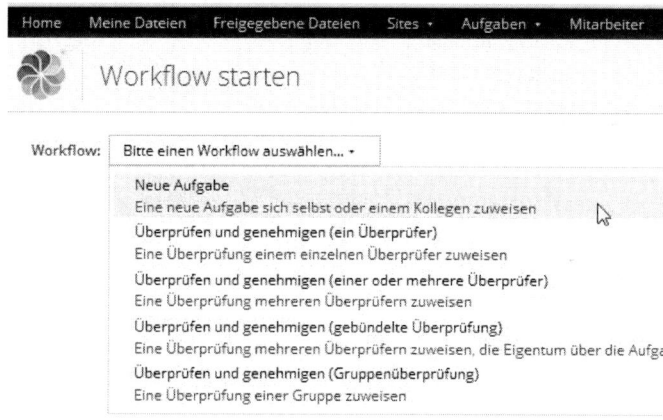

Das Starten eines Workflow-Prozesses.

Sowie alle Aktionen für die Durchführung eines Workflows beendet sind, wird der Status des Workflows von *Aktiv* nach *Vollständig* geändert. Dann kann ein Workflow-Eintrag auch gelöscht werden. Während der Anleger des Workflows diesen verwaltet, sind die beauftragten User für das Abarbeiten ihrer Aufgaben zuständig.

In Alfresco stehen Ihnen verschiedene Wege offen, einen Workflow anzulegen:

1. Führen Sie den Mauszeiger über eine Datei und führen Sie den Befehl *Mehr > Workflow starten* aus.

2. Führen Sie den Menübefehl *Aufgaben > Begonnene Workflows* aus. Im zugehörigen Dialog können Sie auch einen Workflow initiieren.

3. Klicken Sie im Dashlet *Meine Aufgabe* auf *Workflow starten*.

4. Der zugehörige Dialog stellt Ihnen folgende Workflow-Typen zur Auswahl:

    a. Neue Aufgabe: Hiermit weisen Sie sich oder einem Kollegen eine neue Aufgabe zu.

    b. Überprüfen und genehmigen (ein Überprüfer): Weist einem einzelnen Überprüfer eine Überprüfung zu.

    c. Überprüfen und genehmigen (einer oder mehrere Überprüfer): Weist mehreren Überprüfern eine Überprüfung zu.

d. Überprüfen und genehmigen (gebündelte Überprüfung): Weist mehreren Überprüfern eine Überprüfung zu, die für die Aufgabe zuständig sind.

e. Überprüfen und genehmigen (Gruppenüberprüfung): Weist eine Überprüfung einer Gruppe zu.

Exemplarisch zeige ich Ihnen, wie Sie einen Aufgaben-Workflows anlegen. Die anderen Workflow-Typen sind aufwändiger und bieten mehr Konfigurationsmöglichkeiten.

Bei einem einfachen Aufgaben-Workflow weisen Sie diesem zunächst eine Nachricht zu, die an die Mitarbeiter übermittelt wird. Dann bestimmen Sie die Fälligkeit und die Priorität.

Als Nächstes bestimmen Sie den oder die Bevollmächtigen. Dazu klicken Sie auf *Auswählen*, suchen nach den Verantwortlichen und fügen diese hinzu.

Der nächste Schritt dient der Auswahl der Objekte. Diese weisen Sie über die *Hinzufügen*-Schaltfläche dem Workflow zu. Sie müssen nur noch festlegen, ob die Standardbenachrichtigungen versendet werden sollen oder nicht. Dann generieren Sie den ersten Aufgaben-Workflow mit einem Klick auf *Workflow starten*.

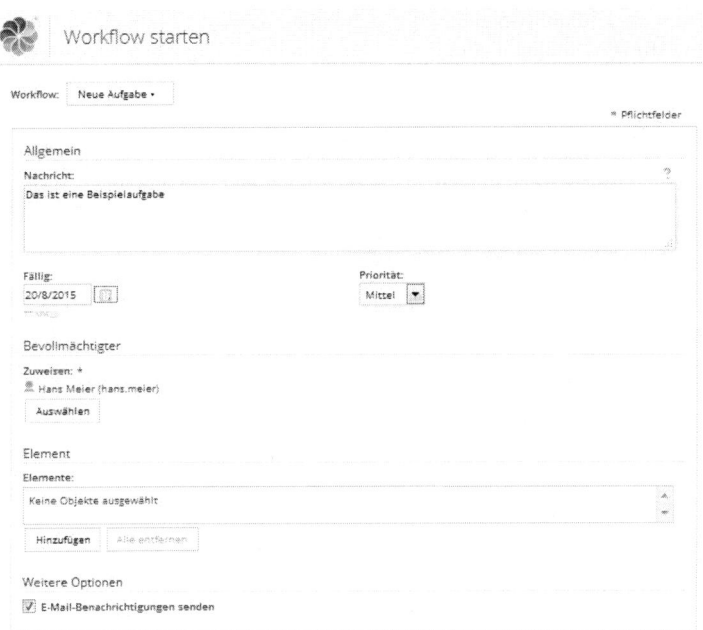

Das Anlegen eines ersten Workflows.

Nach dem Starten des Workflows landen Sie in der Workflow-Übersicht. Dort werden alle aktiven Konfigurationen aufgeführt. Sie können die Details einsehen und sogar ein Workflow-Diagramm abrufen. Aus der Detailansicht heraus können Sie auch die angelegten Aufgaben abrufen.

2.10 Aufgaben

Aufgaben sind ein weiteres wichtiges Element in der Alfresco-Umgebung. Mit jedem Workflow, den Sie anlegen und dem Sie Bearbeiter zuweisen, legen Sie auch für diese Kollegen automatisch Aufgaben an.

Aber auch jeder einzelne Anwender kann sich eigene Aufgaben zuweisen. Das kann über das Dashlet *Meine Aufgaben* oder über das gleichnamige Menü erfolgen. Zu jeder Aufgabe gehört immer auch ein Workflow. Eine Aufgabe anlegen, bedeutet immer auch einen Workflow anlegen.

Im Menü *Aufgaben* werden alle Aufgaben aufgeführt, die Sie für sich selbst angelegt oder die andere für Sie angelegt haben. Wenn Sie den Mauszeiger über einen

Eintrag führen, können Sie die Aufgabe bearbeiten sowie die Aufgabendetails und Workflow-Informationen anzeigen.

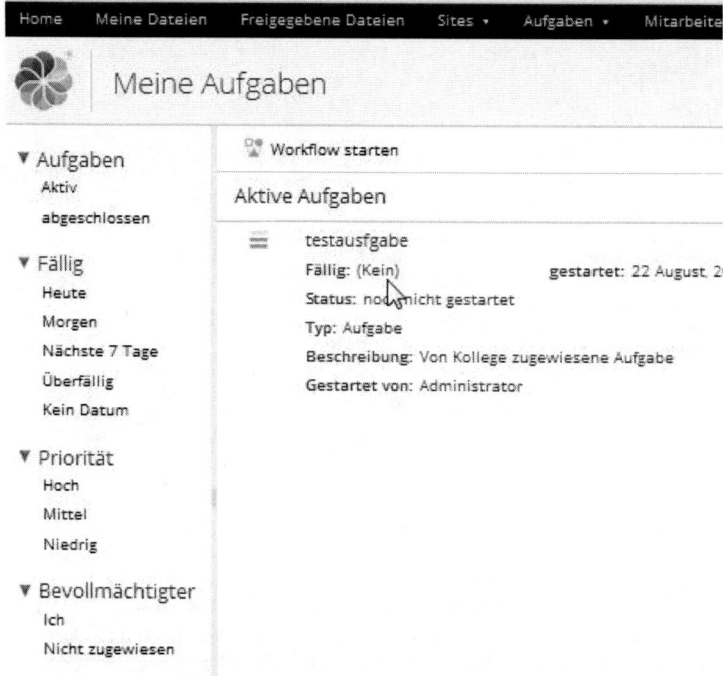

Ein erster Eintrag in der Aufgabenverwaltung.

Für die Verwaltung Ihrer Aufgaben gibt es mehrere Wege. Führen Sie für all diese Schritte zunächst den Befehl *Bearbeiten* in der Aufgabenübersicht aus, um die Aufgabe in den Bearbeitungsmodus zu versetzen. Sie können beispielsweise den Status ändern. Dazu greifen Sie auf das Auswahlmenü *Status* im Bereich *Fortschritt* zu. Das Menü stellt Ihnen folgende Optionen zur Auswahl:

- Noch nicht gestartet

- In Bearbeitung

- In Warteschlange

- Abgebrochen

- Abgeschlossen

Vergessen Sie nicht bei etwaigen Änderungen diese mit einem Klick auf *Speichern und Schließen* zu übernehmen. Sie können außerdem die Zuweisung bearbeiten. Dazu klicken Sie im Kopfbereich auf die Schaltfläche *Neu zuweisen* und suchen nach neuen bzw. weiteren Bearbeitern.

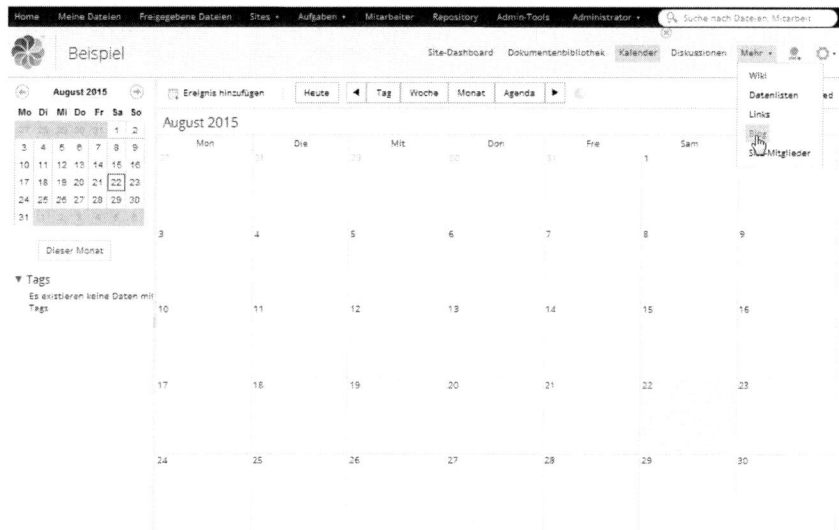

Der Zugriff auf weitere aktivierte Alfresco-Site-Module.

2.11 Weitere Alfresco-Module

Wie wir bereits oben gesehen haben, können Sie für die Alfresco-Sites neben den Standardmodulen auch weitere Module zuschalten. Hierfür verwenden Sie die jeweilige Site-Konfiguration und führen den Befehl *Site anpassen* aus.

Sie können folgende Module zuschalten, die nach der Inbetriebnahme über das Menü in der Site-Kopfzeile verfügbar sind:

- **Kalender**: Im Kalendermodul können Sie Ereignisse planen und verfolgen.

- **Wiki**: Erlaubt das Anlegen eines typischen Wikis. Die Site-Mitglieder können Inhalte anlegen.

- **Diskussion**: Hier steht Ihnen ein einfaches Diskussionsforum zur Verfügung.

- **Blog**: Sie können in Alfresco auch einen einfachen Blog anlegen und Ihre Kollegen so beispielsweise über aktuelle Geschehnisse informieren.

- **Links**: Stellt die Funktionen eines typischen Link-Verzeichnisses zur Verfügung.

- **Datenliste**: Erlaubt Ihnen das Anlegen verschiedener Listentypen, beispielsweise von Aufgaben-, Ereignis- und Kontaktlisten. Die Aufgabenliste ist in einer einfachen und einer erweiterten Variante verfügbar.

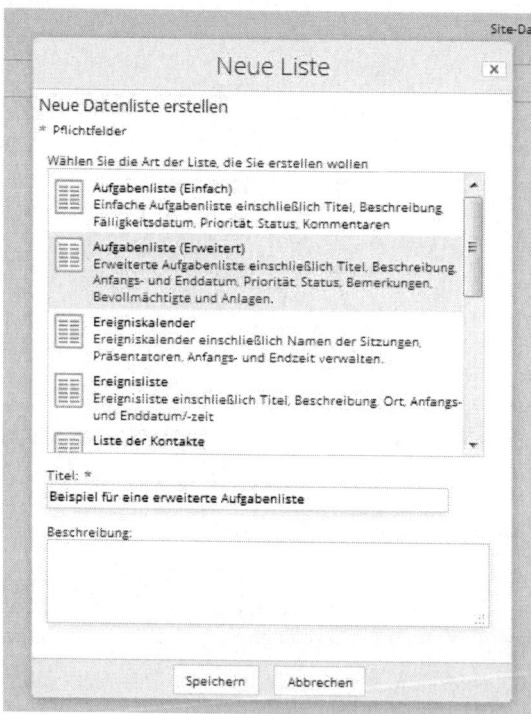

Das Anlegen einer Liste.

2.12 Suche in Alfresco

Damit Alfresco auch dem Anspruch gerecht werden kann, dass die Anwender schnell und einfach Dokumente und Inhalte finden können, benötigen Sie eine leistungsfähige Suchfunktion. Auch die hat das Dokumentenmanagementsystem zu bieten.

Die Suche in Aktion.

Die Suche finden Sie in der rechten oberen Ecke. Mit ihrer Hilfe können Sie nach Dateien, Sites und Personen suchen. Bereits bei der Eingabe der ersten Zeichen präsentiert Ihnen die Suche eine Auswahl von passenden Einträgen – so, wie Sie es von Google & Co. kennen.

Beachten Sie, dass alle Sites über die Suche durchsuchbar sind und nicht nur die, bei denen Sie Mitglied sind. Lediglich die Inhalte von privaten Sites, bei denen Sie nicht Mitglied sind, werden nicht als Suchergebnis angezeigt. Bei der Suche können Sie übrigens auch Platzhalter (*) und Phrasen („das ist eine Phrase") verwenden.

Alfresco präsentiert Ihnen die fünf wichtigsten Ergebnisse unterhalb des Suchformulars. Dabei werden auch Wiki-Seiten und Blog-Beiträge berücksichtigt.

Alfresco stellt Ihnen außerdem eine erweiterte Suche zur Verfügung, in der Sie die Suche gezielt einschränken können. Die erweiterte Suchfunktion öffnen Sie mit einem Klick auf das Lupen-Symbol. Neben den Stichworten können Sie folgende Suchkriterien verwenden:

- Name

- Titel

- Beschreibung

- MIME-Typ

- Datum der Änderung

- Bearbeiter

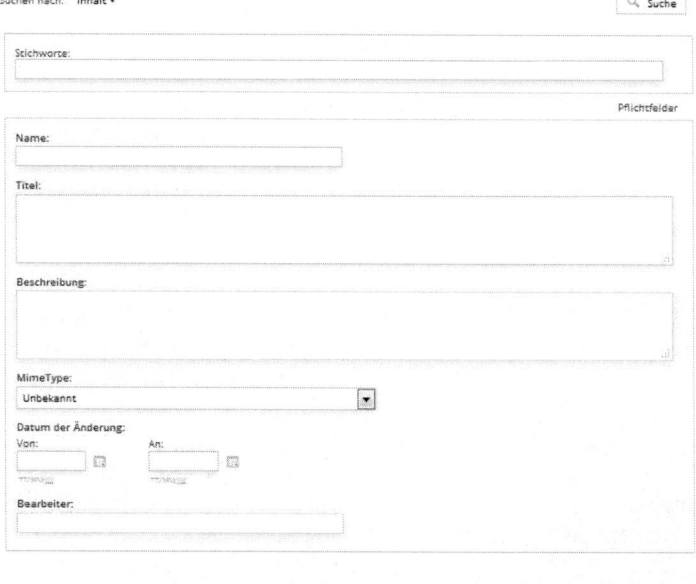

Die erweiterte Suche.

Wenn Ihnen diese Suchmöglichkeiten noch nicht flexibel genug erscheint, so ist das kein Problem, denn die Alfresco-Suche unterstützt verschiedene Suchparameter und -optionen, mit denen Sie noch schneller ans Ziel gelangen.

Wenn Sie Inhalte und Objekte suchen, die das Wort *Haus* enthalten, so verwenden Sie hierfür folgende Eingabe im Suchformular:

```
Haus
```
oder

```
=haus
```

Diese Suche recherchiert nach Namen, Titeln, Beschreibungen, Kommentaren und Inhalten. Wenn Sie keine weiteren Suchoptionen verwenden, wird auch nach Tags recherchiert. Wenn Sie nach einem exakten Suchbegriff suchen, fassen Sie diesen in Anführungszeichen ein:

```
„haus der dinge"
```

Auch hier wird nach Namen, Titel, Beschreibungen, Kommentaren und Inhalten gesucht.

Sie können auch logische Verknüpfungen in Ihrer Suche verwenden, beispielsweise die Boolschen Operatoren OR, AND und NOT. So lassen sich gezielt Wörter ein- und ausschließen:

```
haus OR baum NOT meister
```

Wenn Sie nach einem Wort im Titel des Content-Elements suchen, schränken Sie die Suche wie folgt ein:

```
title:haus
```

Um nach dem Namen *Haus* zu suchen, verwenden Sie folgende Konfiguration:

```
name:haus
```

Die Suche wird auf Ordner und Content-Element in der Bibliothek und Wiki-Seitentitel begrenzt.

Soll ein Begriff in einer Beschreibung gesucht werden, verwenden Sie hier folgendes Suchmuster:

```
description:haus
```

Dabei werden die Beschreibungen von Ordnern und Content-Elementen in der Bibliothek durchsucht. Auch die Beschreibung von Datenlisten.

Suchen Sie nach einem Begriff im Site-Content, so können Sie die Suche wie folgt einschränken:

```
text:haus
```

Dabei werden Wiki-Seiten, Blog-Beiträge, Kommentare, Content-Element und auch Diskussionsbeiträge durchsucht. Sie können die Suche auch auf einen bestimmten Zeitraum einschränken. Ein Beispiel:

```
created: "2015-10-20"
```

Gesucht wird dabei in Wiki-Seiten, Blog-Beiträge, Bibliothekordnern, Content-Elementen, Ereignissen, Links, Diskussionen, Datenlisten und den Kommentaren. Auch die Angabe eines Zeitraums ist möglich:

```
created:["2015-10-10" to "2015-10-20"]
```

Sie können auch den Zeitpunkt der letzten Modifikation als Suchkriterium verwenden. Auch hierzu ein Beispiel:

```
modified:"2015-10-20"
```

Sie können bei der Suche nach Modifikationen auch einen Zeitraum angeben:

```
modified:["2015-08-10" to "2015-10-20"]
```

Wenn Sie sich für die Inhalte eines bestimmten Benutzers interessieren, verwenden Sie hierfür folgende Suche:

```
creator:benutzername
```

Ersetzen Sie dabei *benutzername* durch den gewünschten Benutzernamen.

Suchen Sie nach Elementen, die ein bestimmter Benutzer modifiziert hat, so verwenden Sie hierfür folgende Suche:

```
modifier:benutzername
```

Schließlich können Sie noch mit Platzhaltern arbeiten. Dazu verwenden Sie das Sternchen:

```
text:*haus*
```

Diese Suche recherchiert in Wiki-Seiten, Blog-Beiträgen, der Bibliothek, Content-Elementen, Diskussionen und Kommentaren.

2.13 Super-User

Alfresco kennt einen speziellen Benutzertyp, dem wir bislang noch nicht begegnet sind: den Super-User. Dieser Typ besitzt zusätzliche Funktionen und Möglichkeiten, über die Standardbenutzer nicht verfügen. Diese Optionen kann der Alfresco-Administrator freischalten, indem er einen Benutzer der Super-User-Gruppe zuweist. Aktuell sind dann zwei Optionen verfügbar:

- Site-Manager

- Such-Manager

Für den Einstieg genügt es zu wissen, dass es diese User gibt.

2.14 Rollen und Berechtigungen

In einer kritischen Umgebung, wie es Alfresco eine ist, ist es essentiell, dass jeder nur exakt das machen darf, was er soll. Die möglichen Aktionen werden üblicherweise durch Berechtigungen gesteuert. Diese wiederum sind meist in Rollen implementiert – so auch in Alfresco. In einer Benutzerrolle ist festgelegt, was ein Benutzer machen darf und was nicht. Dabei ist jede Rolle mit einem Satz Standardberechtigungen ausgestattet. Alfresco kennt standardmäßig vier Rollen:

- **Manager** besitzen vollständige Zugriffs- und Bearbeitungsrechte für alle Content-Elemente aller Sites, und zwar auf die Elemente, die sie selbst und die andere Mitarbeiter erstellt haben.

- **Mitarbeiter** besitzt volle Rechte auf die Content-Elemente der eigenen Site. Sie können die Inhalte editieren, die andere Mitarbeiter erstellt haben, aber nicht löschen.

- **Mitwirkende** besitzen die vollen Rechte an eigenen Site-Elementen, können aber Inhalte nicht editieren oder löschen, die von anderen erstellt wurden.

- **Verbraucher** können lediglich Inhalte abrufen und anschauen. Sie können auch keine eigenen Inhalte anlegen.

Auch der Begriff Site Content sollte in diesem Zusammenhang einmal eindeutig definiert werden. Darunter versteht mal alles, das in Alfresco angelegt oder einer Site hinzufügt wurde. Dabei kann es sich um Dokumente, Bilder, neue Ordner, aber auch um Kalendereinträge, Blog-Beiträge oder Kommentare handeln. Abhängig von dem Modul oder Funktion, in dem Sie sich gerade bewegen bzw. die Sie gerade nutzen, stellt Ihnen Alfresco verschiedene rollenspezifische Einstellungen zur Verfügung.

2.15 Praktische Berechtigungen

Nachstehende Tabelle fasst die Dashboard-Berechtigungen zusammen:

	Verbraucher	Mitwirkende	Mitarbeiter	Manager
Andere Benutzer zur Site einladen	Nein	Nein	Nein	Ja
Anpassung des Dashboards	Nein	Nein	Nein	Ja
Site anpassen	Nein	Nein	Nein	Ja
Site-Details editieren	Nein	Nein	Nein	Ja
Site verlassen	Ja	Ja	Ja	Ja

Dashlet-Berechtigungen

	Verbraucher	Mitwirkende	Mitarbeiter	Manager
Konfiguration der RSS-URL	Nein	Nein	Nein	Ja
Anlegen von Datenlisten	Nein	Ja	Ja	Ja
Erzeugen von Links	Nein	Ja	Ja	Ja
Web-Ansicht konfigurieren	Nein	Nein	Nein	Ja
Wiki Dashlet konfigurieren	Nein	Nein	Nein	Ja

Da die Content-Elemente im Mittelpunkt stehen, sind die Berechtigungen für den Umgang mit diesen Elementen ganz besonders wichtig.

	Verbraucher	Mitwirkende	Mitarbeiter	Manager
Ordner- und Elementdetails einsehen	Ja	Ja	Ja	Ja
Favoriten	Ja	Ja	Ja	Ja
Selbst erzeugte Ordner/Dateien umbenennen	Nein	Ja	Ja	Ja
Grundlegendes Editieren von eigenen Objekten	Nein	Ja	Ja	Ja
Editieren von Details eigener Objekte	Nein	Ja	Ja	Ja
Editieren von Details von Objekten anderer Nutzer	Nein	Nein	Ja	Ja
Kopieren	Ja	Ja	Ja	Ja
Verschieben von eigenen Inhalten	Nein	Ja	Ja	Ja
Verschieben von Inhalten anderer	Nein	Nein	Ja	Ja
Löschen eigener Inhalte	Nein	Ja	Ja	Ja
Löschen von Inhalten anderer Nutzer	Nein	Nein	Ja	Ja
Berechtigungen eigner Objekte verwalten	Nein	Nein	Ja	Ja
URL kopieren	Ja	Ja	Ja	Ja

	Verbraucher	Mitwirkende	Mitarbeiter	Manager
Berechtigungen von Objekten anderer Nutzer verwalten	Nein	Nein	Ja	Ja
Kommentare hinzufügen	Nein	Ja	Ja	Ja
Editieren eigener Kommentare	Nein	Ja	Ja	Ja
Editieren von Kommentaren anderer Nutzer	Nein	Nein	Ja	Ja

Im Rahmen dieses Einstiegs können nicht alle Rechte und Berechtigungen dokumentiert werden. Wichtig zu wissen ist momentan noch, dass lediglich Manager Benutzerrollen ändern, Benutzer von einer Site entfernen und Einladungen canceln können.

3 Einstieg in die Alfresco-Administration

Nachdem Sie einen ersten Eindruck von der Funktionstüchtigkeit von Alfresco Community Edition bekommen haben, widmen wir als Nächstes den wichtigsten administrativen Aufgaben. Bevor Sie sich mit dem konkreten Anlegen von Content-Elementen befassen, sollten Sie die wichtigsten administrativen Funktionen des Systems kennen.

Sie sollten wissen, welche Anpassungsmöglichkeiten die Umgebung bietet, welche sicherheitstechnischen Funktionen relevant sind, wie Sie die Suche konfigurieren und wie das Benutzer- und Gruppenmanagement in der Umgebung funktioniert.

Sie müssen sich aber auch mit komplexen Aufgaben wie der Datensicherung bzw. dem Anlegen von Backups, der Content-Replikation und der Überwachung des Systems befassen.

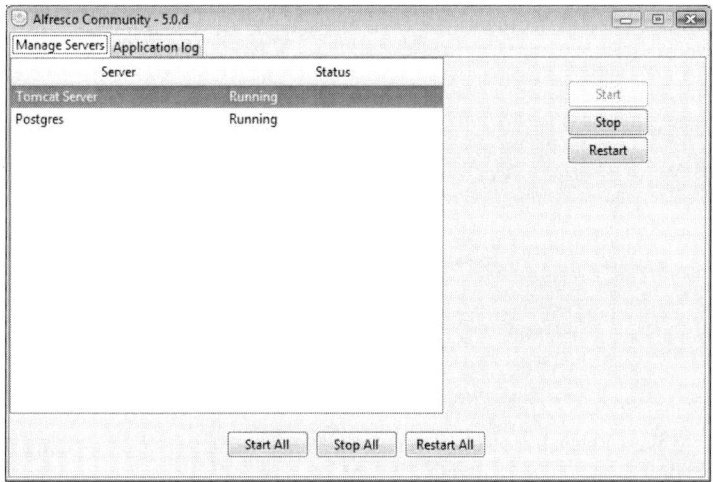

Das Alfresco Managementtool.

3.1   Alfresco starten und anhalten

Bevor Sie erste Schritte in der Umgebung ausführen können, müssen Sie das Alfresco-System starten. Wenn Sie Alfresco installieren, führt Sie der Installationsassistent durch die notwendigen Schritte und startet den Alfresco-Server automatisch.

Unter Windows steht Ihnen mit dem Alfresco-Managementtool eine schöne Funktion zur Verfügung, mit der Sie die dem DMS zugrundeliegenden Tomcat- und PostgreSQL-Server starten können. Das Tool ist über das Start-Menü mit *Alle Programm > Alfresco Community > alfresco manager tool* verfügbar. Klicken Sie auf *Alle starten*.

Alternativ können Sie Alfresco auch auf der Konsolenebene starten. Dazu wechseln Sie in das Installationsverzeichnis (meist *C:/Alfresco*) und führen den Befehl *start* aus.

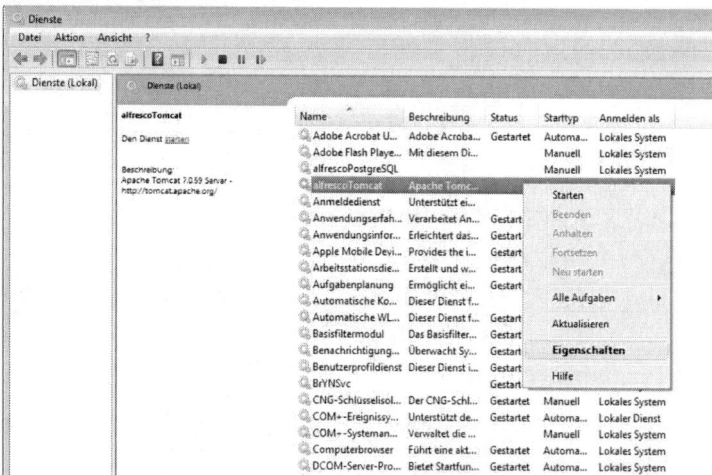

Die Windows-Dienstverwaltung.

Wichtig ist, dass Sie Alfresco als Administrator starten. Das Alfresco-Setup richtet unter Windows zwei Dienste ein: Den Alfresco-Tomcat-Server- und den PostgreSQL-Serverdienst. Doch beide sind so konfiguriert, dass sie manuell gestartet werden müssen. Das sollten Sie über die Diensteigenschaften ändern und dort die Option *Automatisch* wählen. Dann ist sichergestellt, dass Alfresco beim nächsten Systemstart ebenfalls gestartet wird.

Auch unter Linux können Sie die beiden Alfresco-Dienste starten und als Dienst einrichten. Um Alfresco unter Linux manuell zu starten, wechseln Sie in das Verzeichnis */opt/alfresco/* und starten die Umgebung als Administrator mit dem Befehl *./alfresco.sh*. Unter Linux sollten Sie beachten, dass der Alfresco-Installationsassistent den Sicherheitsmechanismus SELinux deaktiviert.

Um Alfresco anzuhalten, wechseln Sie unter Windows wieder zur Dienstverwaltung und beenden die folgenden Dienste:

- alfrescoPostgreSQL

- alfrescoTomcat

Alternativ verwenden Sie das Alfresco-Managementtool. Auch das erlaubt das Stoppen und Neustarten.

Unter Linux verwenden Sie das Stop-Skript, das Sie im Verzeichnis */opt/alfresco/* finden. Zum Anhalten von Alfresco führen Sie folgenden Befehl aus: *./alfresco.sh stop*.

3.2 Alfresco Share

Die webbasierte Alfresco-Schnittstelle wird auch als Alfresco Share bezeichnet. Der Zugriff auf das Dokumentenmanagementsystem erfolgt über folgende URL:

```
http://IP-Adresse:8080/share
```

Unter Windows kann der Zugriff auch über die Startleiste mit *Start > Alle Programme > Alfresco Community > Alfresco Share* erfolgen. Damit wird im Browser die Startseite geöffnet und Sie können sich mit dem Benutzernamen und Passwort einloggen.

Um Alfresco administrieren zu können, sollten Sie die wichtigsten Pfade und Verzeichnisse kennen. Die Konfiguration der Umgebung wird in der Datei *alfresco-global.properties* hinterlegt. Diese wird standardmäßig im Verzeichnis */tomcat/shared* abgelegt. Sie besitzt das Java-Properties-Format.

Das Alfresco-System ist nach der Installation unmittelbar einsatzbereit. Es verfügt über verschiedene Standardkonfigurationen, die Sie allerdings auch an Ihre Anforderungen anpassen können.

Die DMS-Umgebung bietet verschiedene Anpassungs- und Optimierungsmöglichkeiten. Sie können insbesondere verschiedene Systemparameter anpassen – und

zwar entweder über die Admin-Konsole oder über Eingriffe in die Konfigurationsdatei *alfresco-global.properties*.

Auch die Alfresco Share stellt Ihnen verschiedene Anpassungsmöglichkeiten zur
Verfügung. Die nehmen Sie in erster Linie über die Konfigurationsdatei *share-
config-custom.xml* vor. Alfresco verwendet die Solr-Suchfunktion. Auch die können Sie durch Eingriffe in die Solr-Konfigurationsdatei *solrcore.properties* optimieren.

3.3 Globale Anpassungen

In der Konfigurationsdatei *alfresco-global.properties* können Sie nahezu jeden
Aspekt des Systems an Ihren eigene Bedürfnisse und Anforderungen anpassen. Die
Konfigurationsdatei wird standardmäßig im Verzeichnis *\tomcat\shared\classes*
abgelegt. Hier ein Beispiel für eine Standardkonfiguration:

```
###############################
## Common Alfresco Properties #
###############################

dir.root=C:/Alfresco/alf_data

alfresco.context=alfresco
alfresco.host=127.0.0.1
alfresco.port=8080
alfresco.protocol=http

share.context=share
share.host=127.0.0.1
share.port=8080
share.protocol=http

### database connection properties ###
db.driver=org.postgresql.Driver
db.username=alfresco
db.password=geheim
db.name=alfresco
db.url=jdbc:postgresql://localhost:5432/${db.name}
# Note: your database must also be able to accept at least
this many connections.  Please see your database documentati-
on for instructions on how to configure this.
db.pool.max=275
db.pool.validate.query=SELECT 1

# The server mode. Set value here
```

```
# UNKNOWN | TEST | BACKUP | PRODUCTION
system.serverMode=UNKNOWN

### FTP Server Configuration ###
ftp.port=21

### RMI registry port for JMX ###
alfresco.rmi.services.port=50500

### External executable locations ###
ooo.exe=C:/Alfresco/libreoffice/App/libreoffice/program/soffi
ce.exe
ooo.enabled=true
ooo.port=8100
img.root=C:\\Alfresco\\imagemagick
img.coders=${img.root}\\modules\\coders
img.config=${img.root}
img.gslib=${img.root}\\lib
img.exe=${img.root}\\convert.exe
swf.exe=C:/Alfresco/swftools/pdf2swf.exe
swf.languagedir=C:/Alfresco/swftools/japanese

jodconverter.enabled=false
jodconver-
ter.officeHome=C:/Alfresco/libreoffice/App/libreoffice
jodconverter.portNumbers=8100

### Initial admin password ###
alfresco_user_store.adminpassword=geheim

### E-mail site invitation setting ###
notification.email.siteinvite=false

### License location ###
dir.license.external=C:/Alfresco

### Solr indexing ###
index.subsystem.name=solr4
dir.keystore=${dir.root}/keystore
solr.port.ssl=8443

### BPM Engine ###
system.workflow.engine.jbpm.enabled=false

### Allow extended ResultSet processing
security.anyDenyDenies=false
```

Die Einstellungen können Sie einfach mit Hilfe der Raute auskommentieren und damit deaktivieren. Die erste wichtige Einstellung bestimmt das Root-Verzeichnis. Das ist der Speicherbereich für die Content-Binaries und die Index-Dateien. Die entsprechende Konfiguration lautet wie folgt:

```
dir.root=C:/Alfresco/alf_data.
```

Als Nächstes bestimmen Sie die IP-Adresse der webbasierten Schnittstelle. Die konfigurieren Sie mit diesen Einträgen:

```
share.context=share
share.host=127.0.0.1
share.port=8080
```

Essentiell für die Funktionstüchtigkeit der Umgebung sind die Datenbankeinstellungen.

- **db.username=alfresco**: Hier geben Sie den Datenbankbenutzer an, der sich an dem PostgreSQL-Datenbanksystem anmeldet.

- **db.password=alfresco**: Mit dieser Einstellung geben Sie das Passwort für den Datenbankbenutzer an.

Eine essentielle Einstellung ist *db.url*. Damit bestimmen Sie die URL des Datenbanksystems. Der Installer nimmt bei der Inbetriebnahme all diese Einstellungen für Sie vor, aber dennoch kann es zu einem späteren Zeitpunkt passieren, dass Sie beispielsweise einen anderen PostgreSQL-Datenbankserver verwenden wollen.

Es folgen im unteren Bereich die Einstellungen für externe Anwendungen. Dort finden Sie beispielsweise folgende Konfigurationen:

- ooo.exe=: Spezifiziert den Pfad zur OpenOffice-Installation.

- ooo.enabled=: Gibt den Pfad zum OpenOffice-Subsystem an.

- jodconverter.enabled=: Gibt an, ob der Konverter JODConverter verwendet wird. Der Wert *true* steht für *ja*.

- img.root=: Hier finden Sie den Pfad zur ImageMagick-Installation.

- swf.exe=: Gibt den Pfad zur SWF-Installation an.

Wenn Sie Änderungen an der Alfresco-Konfiguration vornehmen, ist immer ein Neustart der Umgebung erforderlich.

**Eine von mehreren administrativen Funktionen:
die Alfrecso Admin Console.**

3.4 Die Admin-Konsole

Alfresco ist eine komplexe Umgebung, die mehrere Administrationsschnittstellen bietet. Oben haben Sie die Administrationszentrale für den Standardadministrator kennengelernt, den Sie bei der Erstinstallation angelegt haben. Daneben gibt es noch eine weitere Admin-Konsole, der Sie beispielsweise verschiedene technische Details entnehmen können und die die Möglichkeit zur Eingabe von Konsolenbefehlen bietet:

```
http://ip-adresse:8080/alfresco/service/admin/
```

Mit dieser Admin-Schnittstelle können Sie auch auf die Tenant-, Workflow- und Node-Konsolen zugreifen. Die sind beispielsweise für die Mandantenverwaltung wichtig.

Für typische administrative Aufgaben wie die Tag- und Benutzerverwaltung, verwenden Sie die Admin-Tools, die über die Share-Schnittstelle verfügbar sind, auf die Sie über folgende URL zugreifen:

```
http://ip-adresse:8080/share/page/console/admin-console/
```

Alternativ öffnen Sie nach dem Login als Administrator das Menü *Admin-Tools*.

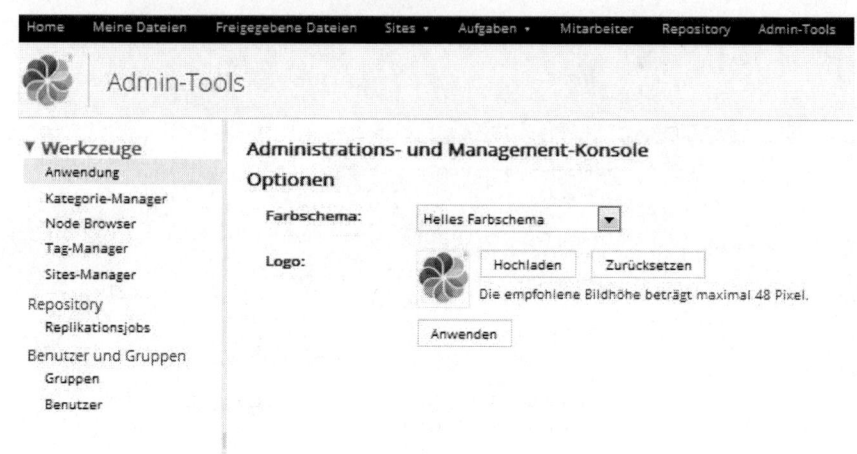

Die Admin-Tools.

Die Funktionen der Admin-Tools sind in drei Gruppen unterteilt:

- Werkzeuge
- Repository
- Benutzer und Gruppen

Beim Zugriff auf die Admin-Tools präsentiert Ihnen Alfresco automatisch die Anpassungsmöglichkeiten für das Farbschema und das Logo. Bei der Schemawahl können Sie zwischen folgenden wählen:

- Gelbes
- Grünes
- Blaues
- Helles
- Google Docs
- Hoch-Kontrast

Standardmäßig kommt das helle Farbschema zum Einsatz. Beim Einsatz im Unternehmen ist es zudem sinnvoll, das Standard-Alfresco-Logo durch ein eigenes zu ersetzen. Das sollte maximal 48 Pixel breit sein. Mit einem Klick auf *Hochladen* steht die Auswahlmöglichkeit für die Logo-Auswahl zur Verfügung.

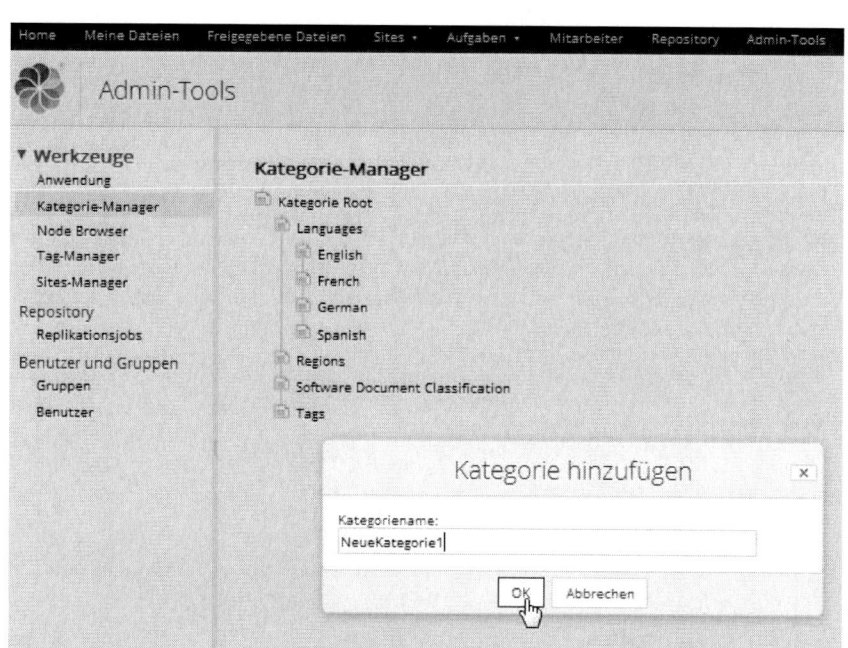

Mit dem Kategorien-Manager verwalten Sie Ihre Kategorien.

Um Ihre Inhalte in eine logische Struktur zu bringen, sollten Sie diesen Kategorien zuweisen. Das vereinfacht die Zuordnung und das Auffinden von relevanten Inhalten.

In der Kategorien-Verwaltung finden Sie bereits einige vordefinierte Kategorien. Die können Sie nach Belieben bearbeiten und natürlich auch eigene anlegen. Um ein Root-Kategorie, also eine solche höchster Ebene anzulegen, führen Sie den Mauszeiger auf Kategorie Root. Alfresco blendet dann rechts ein Pluszeichen ein. Mit einem Klick auf das Pluszeichen öffnen Sie den Dialog *Kategorie hinzufügen*, in dem Sie der neuen Kategorie eine Bezeichnung zuweisen. Mit *OK* legen Sie den Ordner an, der nach einem automatischen Reload in der Ordnerliste aufgeführt wird.

Die Bearbeitungsfunktionen der neuen Kategorie.

Eine Kategorie können Sie löschen, bearbeiten und ihr weitere Unterkategorien zuweisen. Dazu führen Sie wieder den Mauszeiger über die Unterkategorie. Über die drei Symbole *Stift*, *Plus* und *Löschen* können Sie dann die gewünschten Bearbeitungsschritte vornehmen.

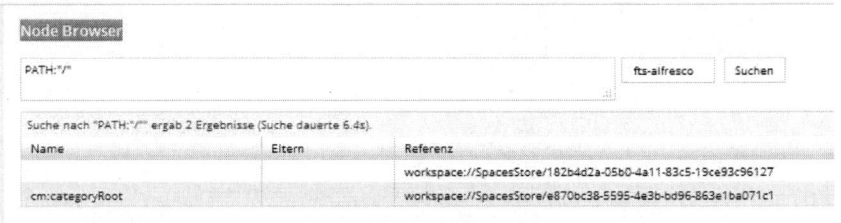

Der Node-Browser in Aktion.

Die Funktionalität des Node-Browsers erschließt sich nicht sofort. Hierbei handelt es sich um ein Debugging-Werkzeug, das Sie für die Fehlersuche verwenden können.

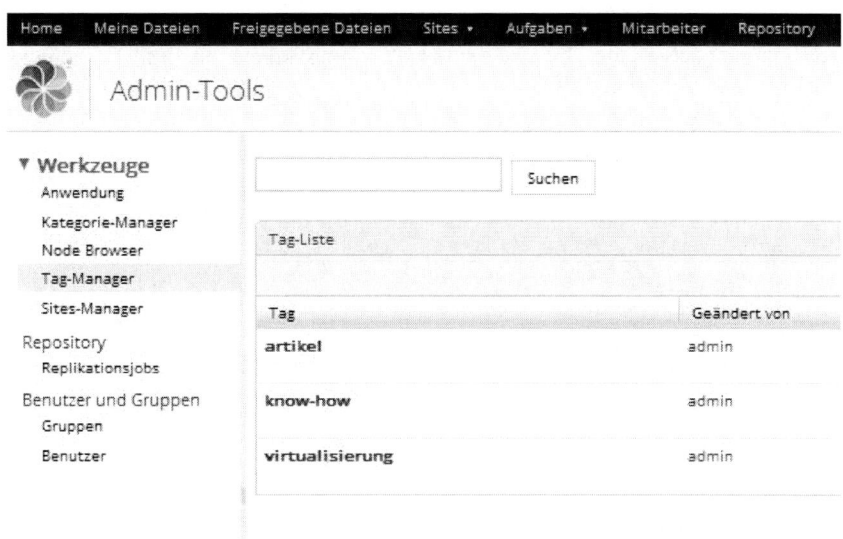

Der Tag-Manager.

Oben haben Sie die Möglichkeit kennengelernt, Content-Elementen Tags zuzuweisen. Diese angelegten Tags verwalten Sie im Tag-Manager. Zu jedem Tag werden folgende Eigenschaften aufgeführt:

- Bezeichnung

- Geändert von

- Geändert am

In der Spalte *Aktion* stehen Ihnen eine Bearbeitungs- und die Löschfunktion zur Verfügung. Bearbeiten können Sie lediglich die Bezeichnung.

Der Tag-Manager stellt Ihnen außerdem eine Suche zur Verfügung, mit der Sie gezielt nach Markierungen recherchieren können.

Das letzte Werkzeug der Admin-Tools ist der Site-Manager. Sie ahnen es schon: Damit können Sie die von Ihnen erstellen Sites einsehen und einige wenige Anpassungen vornehmen. Für das Erstellen von neuen Sites verwenden Sie das *Sites*-Menü.

In der tabellarischen Übersicht wird neben der Site-Bezeichnung auch die Site-Beschreibung aufgeführt. Über die Spalte *Sichtbarkeit* können Sie festlegen, ob die Site öffentlich, moderiert oder privat ist.

Die Site-Verwaltung.

Alfresco verfügt auch über einen Replikationsmechanismus, mit dem Sie eine Sicherung der Umgebung anlegen können. Dazu können Sie sogenannte Replikations-Jobs anlegen, mit denen Sie bestimmen, wann, wo, welche Daten gesichert werden.

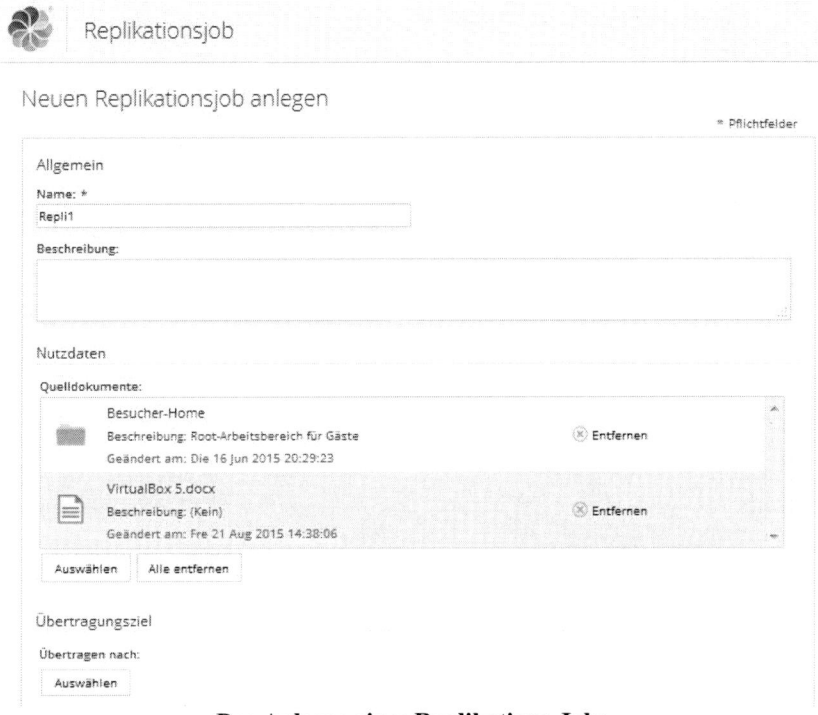

Das Anlegen eines Replikations-Jobs.

Um einen ersten Replikations-Job anzulegen, klicken Sie in der Replikationsverwaltung auf *Job anlegen*. Weisen Sie der Konfiguration eine Bezeichnung und eine Beschreibung zu. Als Nächstes bestimmen Sie die sogenannten Nutzdaten. Mit einem Klick auf *Auswählen* können Sie die Auswahl vornehmen.

Dann legen Sie das Ziel fest, in das die Quelldaten kopiert werden. Unter *Ablaufplan* können Sie eine etwaige zeitliche Steuerung und Wiederholungen konfigurieren.

Mit einem Klick auf *Anlegen* sichern Sie die Replikationskonfiguration. Die kann nun in der Job-Übersicht eingesehen, manuell ausgeführt und auch wieder entfernt werden.

3.5 Benutzer und Rollen

Der letzte Bereich der Admin-Tools dient der Gruppen- und Benutzerverwaltung. In der Gruppenverwaltung können Sie mit Hilfe der Suche nach bestehenden Gruppen suchen und diese dann bearbeiten und löschen. Das ist bei der Benutzerverwaltung anders: Hier können Sie suchen, bearbeiten und neue User anlegen.

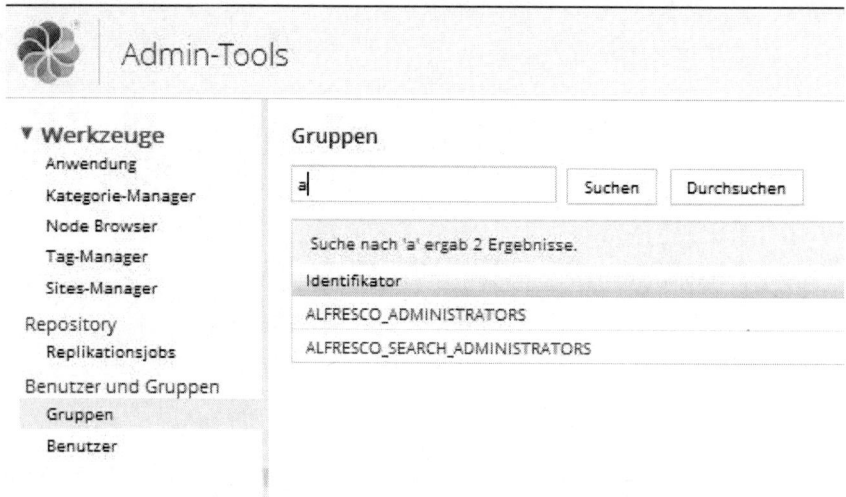

Die Gruppenverwaltung von Alfresco Community.

Die Benutzerverwaltung vereinfacht sich deutlich, wenn Sie die Benutzerdaten aus einer CSV-Datei in das System importieren. Die meisten Unternehmenslösungen können Benutzerdaten in dieses Format exportieren. Damit steht einer Übernahme nichts im Wege.

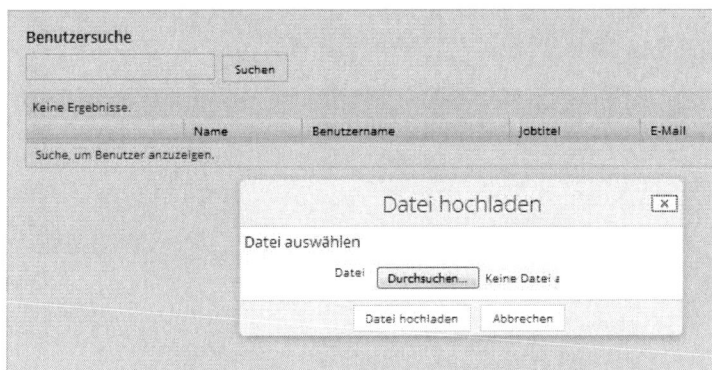

Der Upload einer CSV-Datei mit Benutzerdaten.

Natürlich können Sie in der Gruppenverwaltung auch eigene Gruppen anlegen. Die Vorgehensweise erschließt sich allerdings nicht auf den ersten Blick. Öffnen Sie zunächst die Gruppenverwaltung und klicken Sie auf *Durchsuchen*. Alfresco präsentiert Ihnen die vier bereits angelegten Gruppen. Wenn Sie einen Gruppeneintrag markieren, werden rechts die zugehörigen Mitglieder aufgeführt.

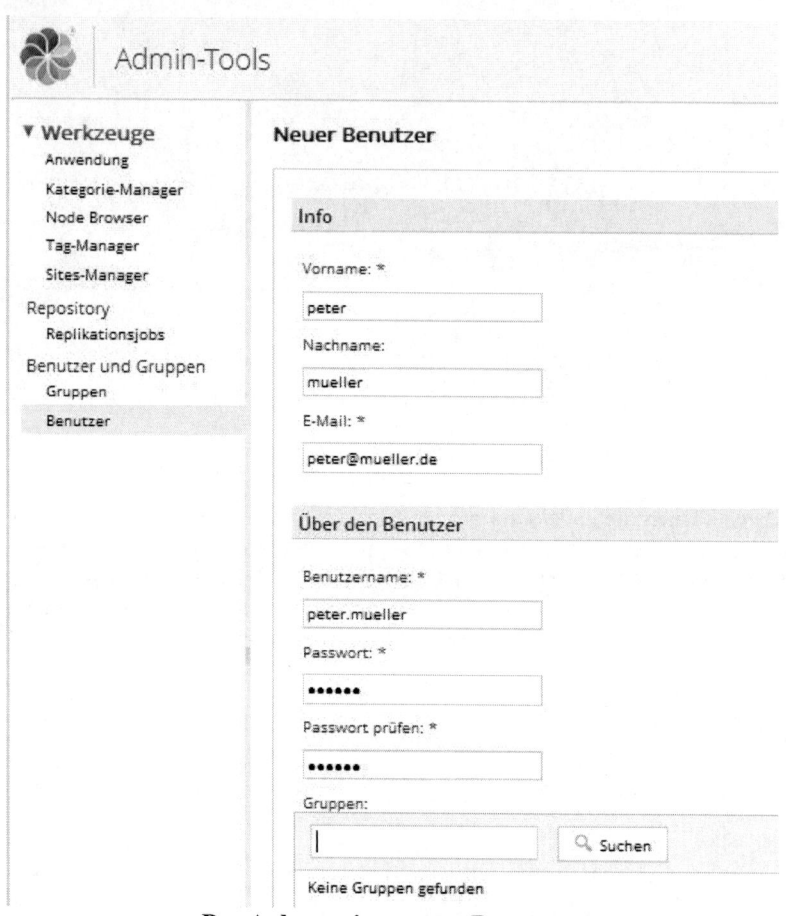

Das Anlegen eines neuen Benutzers.

Mit einem Klick auf das Pluszeichen im linken Listenfeld legen Sie eine neue Hauptgruppe an. Dazu müssen Sie eine ID und einen Bezeichnung angeben. Rechts können Sie dann Untergruppen anlegen oder einer Gruppe erste Mitglieder zuweisen.

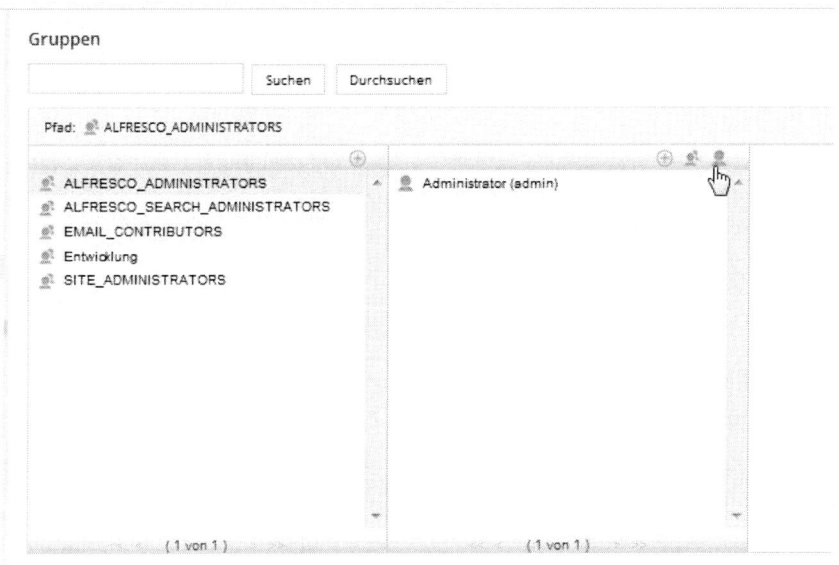

Die Gruppenverwaltung von Alfresco.

Wenn Sie nun die Gruppenzugehörigkeit eines Content-Elements bearbeiten wollen, öffnen Sie die Berechtigungen des betreffenden Objekts, klicken in der rechten oberen Ecke auf *Benutzer/Gruppe hinzufügen* und bestimmen den Benutzer bzw. die Gruppe mit Hilfe der Suche.

Nach der Gruppen- bzw. Benutzerauswahl landen Sie auf dem Formular *Berechtigungen* verwalten. Hier können Sie die Zugriffsrechte bearbeiten. Über das Auswahlmenü *Rolle* legen Sie fest, ob die Benutzer bzw. Gruppe Beitragende, Mitarbeiter, Koordinatoren, Editoren oder Verbraucher sind.

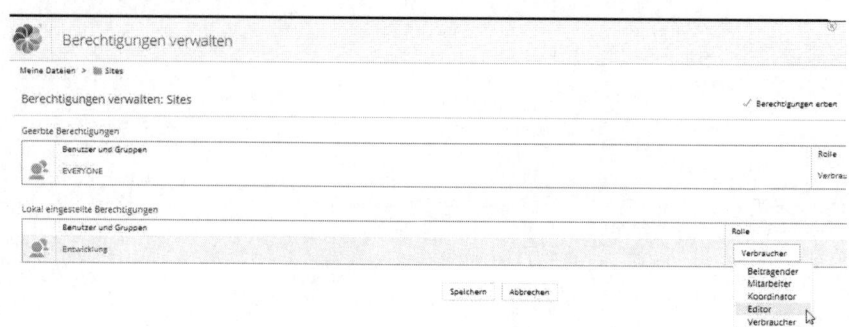

Das Verwalten der Berechtigungen.

3.6   Profilseite

Das Benutzerprofil ist die Visitenkarte jedes Anwenders. Hier steht für alle Anwender eine eigene Profilverwaltung zur Verfügung, in der man alle relevanten
Informationen hinterlegen kann. Die Profilverwaltung ist über das Benutzermenü
mit *Mein Profil* verfügbar. Diese Profilinformationen sind über die jeweilige Be-
nutzer-Site und über die Suche verfügbar. Um das Profil zu bearbeiten, klicken Sie
auf *Profil bearbeiten*.

Ein editiertes Benutzerprofil ist noch ohne Benutzerdetails.

Das editierte Profil bietet Ihnen und allen weiteren Alfresco-Nutzern vielfältige Möglichkeiten, personenbezogene Informationen in der Umgebung zu hinterlegen. Unter *Foto* können Sie mit einem Klick auf *Hochladen* eine Bilddatei in das Profil einfügen.

Damit eine gute Erreichbarkeit der Mitarbeiter gegeben ist, sollten Sie alle bekannten Kontaktinformationen in das dafür vorgesehene Feld einfügen. Schließlich können Sie die Firmendetails in dem Profilformular hinterlegen.

Die in dem Profil hinterlegten Daten sind alle über die Profildarstellung des jeweiligen Benutzers einsehbar.

3.7 Suchmanager

Wenn Sie intensiven Gebrauch von Alfresco machen, so entstehen schnell bergeweise Dokumente und sonstige Content-Elemente. Die mit Hilfe der Standardsuche und der erweiterten Suche aufzufinden, wird umso schwieriger, je größer der Datenbestand wächst.

Als Administrator steht Ihnen hierfür mit dem Suchmanager ein weiteres Werkzeug zur Verfügung, mit dem Sie Suchfilter anlegen und konfigurieren können. Wenn Sie eine Suche über die Suchfunktion ausführen, wird nach dem Ausführen der Recherche unterhalb des Suchformulars der Suchmanager eingeblendet.

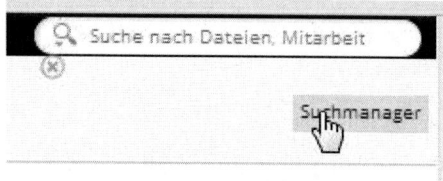

Die Suchfilter.

Folgen Sie dem Link und Alfresco präsentiert Ihnen die Liste der Standardfilter samt den verschiedenen Eigenschaften. Über die erste Spalte können Sie die Reihenfolge der Filter verändern.

Das Anlegen einer neuen Filterkonfiguration

Um eine weitere Filterkonfiguration anzulegen, klicken Sie im Suchmanager auf die Schaltfläche *Neuen Filter erstellen*. Es wartet ein umfangreiches Formular auf Ihre Eingaben:

- **Filter-ID**: Jeder neuen Filterkonfiguration müssen Sie einen eindeutigen Identifikator zuordnen.

- **Filtername**: Hier geben Sie den Filternamen an, der in der Suche für die Einschränkung verwendet werden kann.

- **Mit Suchergebnissen anzeigen**: Wenn Sie diese Option deaktivieren, wird der Filter nicht mit den Suchergebnissen angezeigt.

- **Standardfilter**: Bei den Standardfiltern handelt es sich um vordefinierte Konfigurationen, die nicht gelöscht werden können. Aber Sie können diese ausblenden, indem Sie die Option *Mit Suchergebnissen anzeigen* deaktivieren.

- **Filtern nach Eigenschaft**: Hier steht Ihnen ein umfangreiches Auswahlmenü zur Verfügung, mit dem Sie eine Eigenschaft auswählen, nach der gefiltert werden soll.

- **Filtertyp**: Hier bestimmen Sie, wie der Filter angezeigt werden soll. In der aktuellen Community Edition steht Ihnen lediglich die Option *Einfacher Filter* zur Verfügung.

- **Sortieren nach**: Als Nächstes bestimmen Sie, in welcher Reihenfolge die Filterergebnisse angezeigt werden sollen.

- **Anzahl der Filter**: Mit dieser Einstellung bestimmen Sie die maximale Anzahl an Filtern, die für Suchergebnisse angezeigt werden. Allerdings können die Benutzer auch die Anzeige weiterer Filter wählen.

- **Mindestlänge Filter**: Mit dieser Option legen Sie fest, wenn nur Filterergebnisse mit einer Mindestanzahl an Zeichen angezeigt werden sollen. Auf diese Weise lassen sich kurze Wörter wie beispielsweise *und* oder *bis* aus den Filterergebnissen herausnehmen.

- **Mind. erforderliche Ergebnisse**: Wählen Sie aus, wie viele Ergebnisse mindestens vorliegen müssen, damit ein Filterergebnis angezeigt wird.

- **Filterverfügbarkeit**: Schließlich legen Sie fest, wo der Filter verfügbar sein soll.

Mit einem Klick auf *Speichern* wird der neue Suchfilter gesichert und wird im Suchmanager aufgeführt. Dort können Sie verschiedene Eigenschaften wie den Namen, die Eigenschaft und den Filtertyp bearbeiten. Auch das Löschen einer eigenen Filterkonfiguration ist möglich. Dazu führen Sie den Mauszeiger am rechten Ende des Filtereintrags über das Löschen-Symbol.

Der neue Filter in Aktion.

Jetzt wollen Sie natürlich noch wissen, wie man den neuen Filter in der Praxis einsetzt. Auch das ist einfach: Wenn ein Benutzer eine Suche ausführt, werden im Ergebnis neben den passenden Einträgen links die Filter eingeblendet. Über die Filter können die Benutzer dann einfach die Ergebnisansicht einschränken. Hier finden Sie auch den oben angelegten Beispielfilter. Wichtig ist bei der Filterkonfiguration insbesondere, dass Sie die korrekte Objekteigenschaft wählen.

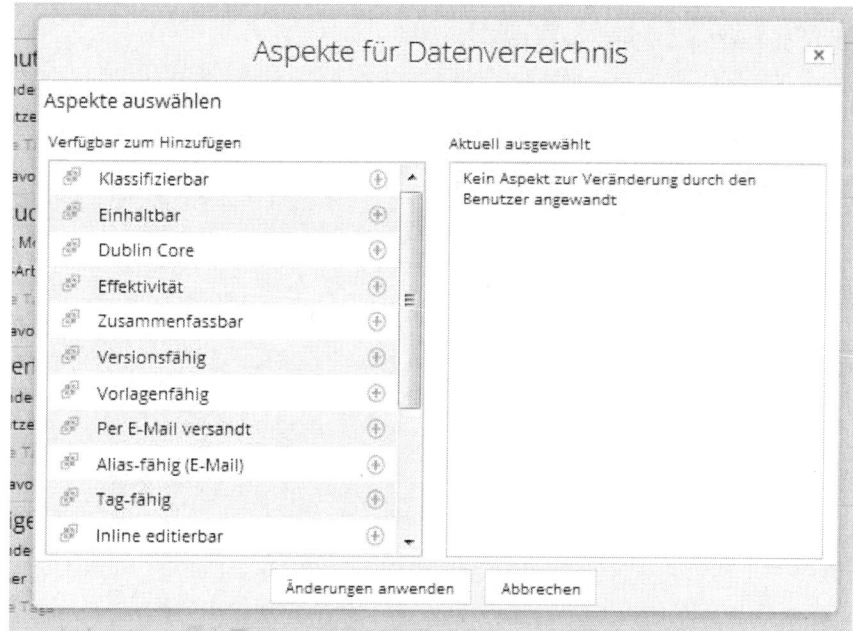

Die Aspekt-Zuweisung zu Objekten.

3.8 Aspekte

Ein weiteres wichtiges Konzept in Alfresco ist die Content-Modellierung mit Hilfe von sogenannten Aspekten. Diese erlauben es, die Funktionalität von bestehenden Content-Typen zu erweitern.

Aspekte können dabei Eigenschaften besitzen. Und wenn Sie einer Site oder einer Ablage hinzugefügt wurden, können Sie die Content-Typen mit deren Eigenschaften erweitern. Sie können außerdem Verhalten und Workflows den Aspekten hinzufügen.

Was können Sie nun konkret mit dieser Funktion anfangen? Anhand eines einfachen Beispiels wird deutlich, was Sie damit anfangen können. Nehmen wir an, Sie besitzen zwei Content-Typen, ein Memo und Marketing-Promotion-Dokument.

Einige Memos veröffentlichen Sie auf der Website, andere nicht. Nun sollten Sie in einem Dokument auch die Informationen hinterlegen können, ob ein Content-Element für die Veröffentlichung geeignet ist oder nicht. Bei Promotion-Material wäre es sinnvoll, den Start- und Endzeitpunkt der Veröffentlichung zu hinterlegen.

Genau diese Information – und noch vieles mehr – können Sie mit Hilfe von Aspekten an ein Content-Element heften.

Die dafür notwendigen Eigenschaften lauten wie folgt:

- isPublished

- startDate

- endDate

Solange ein Dokument nicht veröffentlicht ist, werden diese Eigenschaften nicht benötigt.

Die Verwendung dieser Funktion ist ansonsten einfach. Sie können diese für Sites und Ablagen aktivieren. Dazu führen Sie den Mauszeiger über eine Ablage und führen den Befehl *Mehr > Aspekte verwalten* aus. In obigem Dialog wählen Sie dann die gewünschten Aspekte aus.

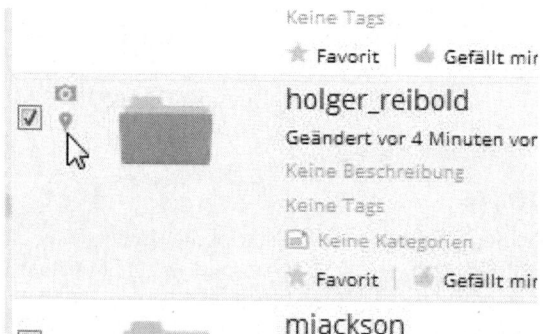

Die Anzeige von zwei Aspekten in der Ordneransicht.

Alfresco ist bereits mit einigen Aspekten ausgestattet:

- **Klassifizierbar**: Erlaubt die Kategorisierung, damit Kategorien auf ein Dokument verweisen.

- **Einhaltbar**: Verknüpft Informationen zur Einhaltung mit dem Element.

- **Dublin Core**: Kann die Elemente um Dublin Core-Metadaten erweitern.

- **Effektivität**: Fügt Informationen zur Effektivität hinzu.

- **Zusammenfassbar**: Fügt die Eigenschaft *Zusammenfassung* dem Dokument hinzu.

- **Versionsfähig**: Erlaubt die Versionierung.

- **Vorlagenfähig**: Erlaubt die Verwendung des Dokuments als Vorlage.

- **Per E-Mail versandt**: Fügt die Eigenschaft an das Dokument, wann es per E-Mail versendet wurde.

- **Aliasfähig**: Macht das Element aliasfähig.

- **Tag-fähig**: Den Elementen können Tags hinzufügt werden.

- **Inline-fähig**: Erlaubt das Inline-Editieren.

- **EXIF**: Erweitert das Dokument um EXIF-Daten.

- **Geografisch**: Vermerkt die geografischen Daten bei Änderungen.

Verschiedene Aspekte wie die Verwendung von EXIF- und geografische Daten werden in der Ordneransicht aufgeführt.

4 Dokumentenmanagement implementieren

Im Mittelpunkt von Alfresco stehen die Dokumente, deren Bereitstellung, deren Verarbeitung und natürlich auch deren Sicherheit. Während es in den ersten Kapiteln überwiegend um das Kennenlernen und erste administrative Aufgaben ging, schauen wir uns nun an, welche dokumentenspezifische Funktionen Alfresco zu bieten hat.

Wie Sie bereits wissen, können Sie mit Alfresco die unterschiedlichsten Dokumententypen verwalten, also HTML- und Textdokumente, MS Office- und OpenOffice-Dateien, PDF-Dokumente, Bilder und sonstige Medien. Der ein oder andere Leser ist womöglich bereits mit einer Vorgängerversion in Berührung gekommen. Dort gab es die sogenannten Spaces. Dieses Konzept hat man mit Alfresco 5.0 aufgelöst und die Space-Funktionen an anderen Stellen in der Web-Schnittstelle unterge-bracht. Die Spaces sind überwiegend in den Sites aufgegangen.

4.1 Content verwalten

Alfresco bietet Ihnen für das Hinzufügen von Content zwei Möglichkeiten: Sie können zum einen mit dem integrierten Editor HTML-, XML- und Textdokumente anlegen, zum anderen Bilder, binäre Dateien wie Office-Dokumente, PDF-Dateien etc. in das System importieren. Auch das Erstellen von Google Docs-Dokumenten ist mit Alfresco über die Web-Schnittstelle möglich.

4.1.1 Dokument erstellen

Um ein neues HTML-Dokument in Alfresco anzulegen, öffnen Sie das Menü *Meine Dateien* und führen im rechten Bereich den Befehl *Erstellen > HTML* aus. Alfresco präsentiert Ihnen einen einfachen Dialog, in dem Sie dem neuen Content-Element zunächst eine Bezeichnung zuweisen.

In dem Textfeld geben Sie die eigentlichen Inhalte ein. Für deren Gestaltung stehen Ihnen eine Menü- und Symbolleiste mit typischen Formatierungsfunktionen zur Verfügung. Auf die Verwendung der Editorfunktionen können wir an dieser Stelle verzichten, denn die kennen Sie von anderen Editoren und Ihrer Textverarbeitung.

Dann weisen Sie dem neuen Content-Element noch einen Titel und gegebenenfalls eine Beschreibung zu. Mit einem Klick auf die Schaltfläche *Erstellen* legen Sie die Datei an.

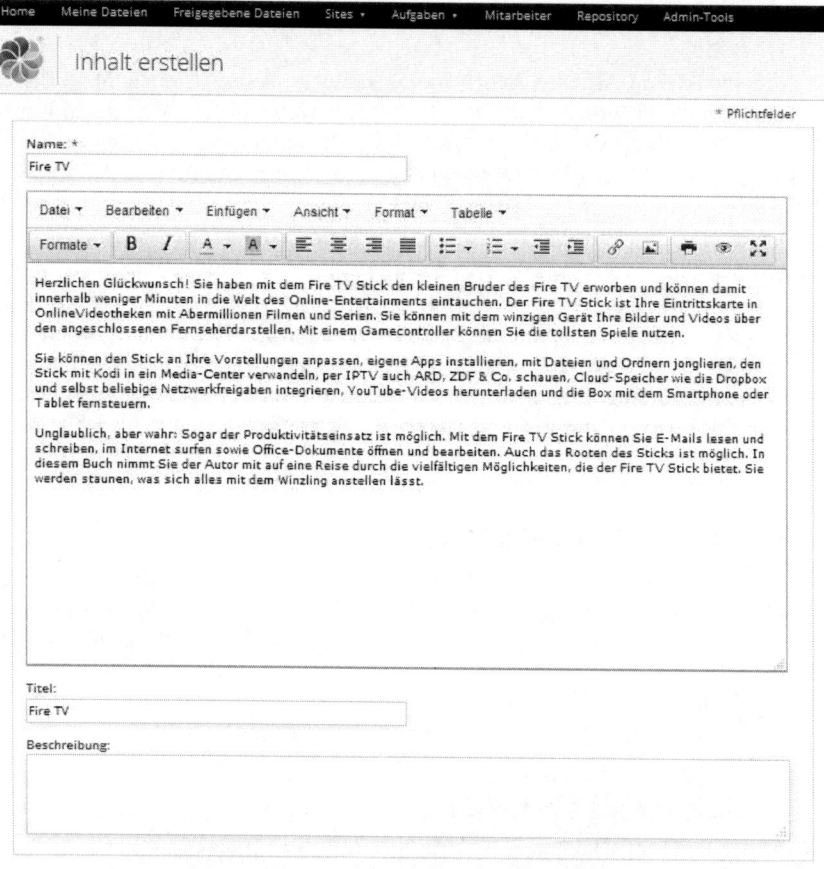

Das Erstellen eines neuen HTML-Dokuments.

Nach dem Speichern des HTML-Dokuments stellt Ihnen Alfresco umfangreiche Bearbeitungsfunktionen zur Verfügung. Diese sind über die rechts eingeblendete Leiste verfügbar.

Über die Leiste *Dokumentenaktionen* können Sie das Dokument herunterladen und im Browser öffnen. Fast noch wichtiger sind die Funktionen, die sich hinter dem Link *Eigenschaften bearbeiten* verbergen. In den Content-Eigenschaften können Sie folgende Anpassungen vornehmen:

- Name

- Titel

- Beschreibung

- MIME-Typ

- Autor

- Tags

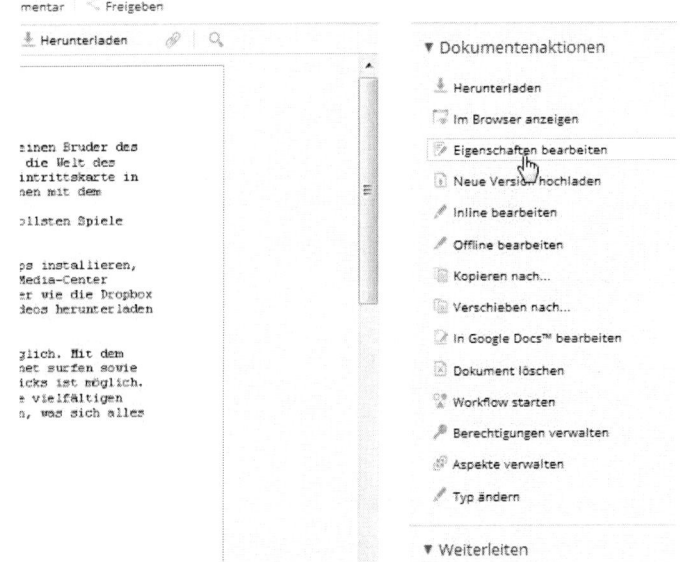

Die Dokumentenaktionen.

In den Content-Elementeigenschaften hat es insbesondere das Auswahlmenü *MimeType* in sich. Damit können Sie den MIME-Type und damit die verarbeitende Anwendung ändern.

Sollten Sie mit einer anderen Anwendung eine neue Version des Content-Elements erzeugt haben, können Sie dieses mit einem Klick auf *Neue Version hochladen* in das System laden.

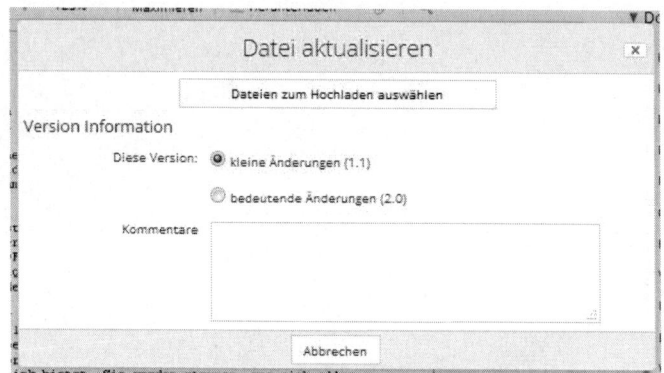

Das Aktualisieren eines Content-Elements.

Je nachdem, ob es sich um kleinere oder größere Änderungen handelt, weisen Sie der aktualisierten Fassung die Version 1.1 oder 2.0 zu. Sie können außerdem einen Kommentar in dem Eingabefeld hinterlegen. Die Dokumentenaktionen erlauben Ihnen das Kopieren, das Verschieben und das Löschen.

Sie können das Dokument mit dem Befehl *Offline bearbeiten* auf den lokalen Rechner herunterladen und ergänzen. Das Originaldokument bleibt solange gesperrt. Sie müssen anschließend nur über den oben beschriebenen Befehl *Neue Version hochladen* die bearbeitete Fassung in das System übermitteln. HTML-, Text- und XML-Dokumente können Sie immer auch online bearbeiten. Es sind also kein Download und anschließender Upload erforderlich.

4.1.2 Metadaten bearbeiten

Ein Dokument ist nicht nur durch die eigentlichen Inhalte, sondern auch durch die sogenannten Metadaten, also die Daten über das Dokument gekennzeichnet. Dabei handelt es sich um standardisierte Informationen, die Sie mit den Ihnen relevant erscheinenden Eingaben füllen können.

Wenn Sie ein neues Dokument anlegen oder eines in das System hochladen, weisen Sie diesem einen Titel und gegebenenfalls weitere Daten zu. Die Standard-Metadaten hinterlegen Sie im *Eigenschaften*-Dialog.

4.1.3 Office-, PDF-Dokumente und andere Medien hochladen

Sie können mit Alfresco nicht nur neue Dokumente anlegen und diese bearbeiten, sondern natürlich auch bestehende Dateien in das System laden. Dabei spielt es keine Rolle, ob man Word- oder PDF-Dokumente, Bilder oder andere medialen Dateien hochlädt.

Der Upload eines PDF-Dokuments in das Alfresco-System.

Um das Dokumentenmanagementsystem mit bestehenden Binärdateien zu befüllen, führen Sie den Befehl *Hochladen* aus. Wählen Sie die Datei aus und führen Sie den Upload aus.

Der Upload-Dialog stellt Ihnen eine Fortschrittsanzeige zur Verfügung, in der Sie den Upload-Vorgang verfolgen können. Der schließt automatisch einige Sekunden nach dem erfolgreichen Übertragungsvorgang. Alfresco wechselt dann automatisch in die Ordneransicht der zuvor geöffneten Ablage. Dort können Sie dann auf die neuen Dokumente zugreifen.

Zwei PDF-Dokumente wurden in das DMS übertragen.

Aus der Dokumentenübersicht heraus können Sie dann die verschiedensten Aktionen ausführen. Sie können das Dokument beispielsweise freigeben, das Dokument herunterladen und vieles mehr.

In Alfresco können Sie außerdem die meisten Dokumenttypen unmittelbar öffnen. Dazu klicken Sie auf die Dokumentenbezeichnung und können dann in der Datei navigieren.

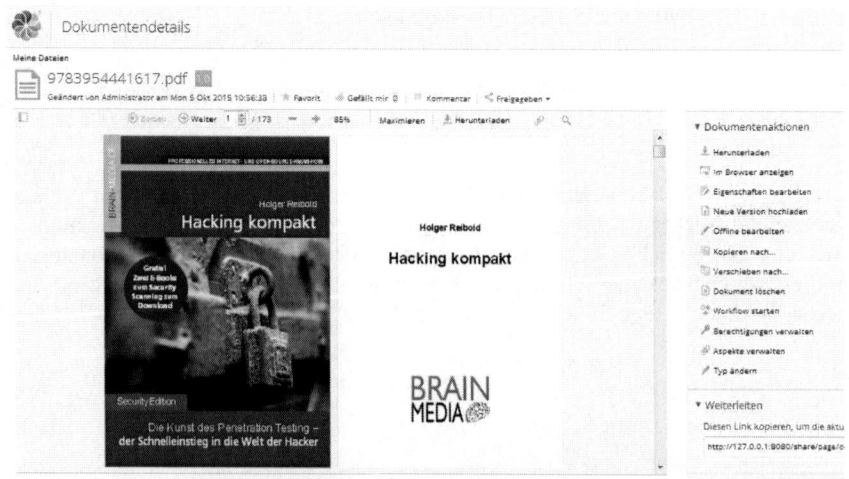

Das Blättern in einem PDF-Dokument.

4.1.4 Content kategorisieren

Alfresco bietet Ihnen mit der Kategorisierung von Content-Elementen eine weitere sehr praktische Möglichkeit, Inhalte nach bestimmten Kriterien zusammenzufassen. Dabei können Sie einem Content-Element mehrere Kategorien zuweisen. Dabei ist der Administrator für das Erstellen und Verwalten der Kategorien zuständig. Er kann mit Hilfe des sogenannten Kategorie-Manager neue Kategorien anlegen und bestehende bearbeiten. Dem Kategorie-Manager sind wir bereits in Kapitel 3.4 begegnet. Nun schauen wir uns an, wie Sie mit Kategorien arbeiten.

Das Bearbeiten einer Kategorie.

Im Kategorie-Manager finden Sie bereits verschiedene vordefinierte Kategorien. Nicht weiter benötigte Kategorien entfernen bzw. bearbeiten Sie, in dem Sie den Mauszeiger über die Kategorienbezeichnung führen und dann auf dem eingeblendeten Dialog auf das Entfernen- bzw. Stiftsymbol klicken. Beim Entfernen erfolgt eine Sicherheitsabfrage, ob Sie den Eintrag tatsächlich nicht mehr benötigen. Beim Bearbeiten wird die Kategorienbezeichnung editiert und kann von Ihnen angepasst werden.

Um eine Kategorie höchster Ebene anzulegen, führen Sie den Mauszeiger über die Root-Kategorien und führen den Befehl *Kategorie hinzufügen* aus, indem Sie auf das Pluszeichen klicken. Nun müssen Sie nur eine Bezeichnung angeben. Das Praktische an dieser Funktion: Sie können verschachtelte Strukturen anlegen und so auch komplexe Kategorienbäume erstellen.

Nun stellt sich als Nächstes die Frage, wie Sie denn diese Kategorien verwenden. Auch das ist wieder einfach. Allerdings ist die Zuweisung von Kategorien zu Content-Elementen auf bestimmte Rollen beschränkt: Administrator, Editor, Mitarbeiter und Koordinator. Die Zuweisung erfolgt über die Eigenschaften eines Content-Elements.

4.2   Netzwerkzugriff

Das Hinzufügen von Inhalten kann nicht nur über das Web-Interface, sondern auch per FTP, WebDAV und SMB erfolgen. Besonders einfach lässt sich der Zugriff per SMB von einem Windows Netzwerk-Client herstellen. Über das Startmenü greifen Sie mit *Computer > Netzwerklaufwerk verbinden* auf das Laufwerk-Mapping zu. In dem zugehörigen Dialog wählen Sie einen Laufwerksbuchstaben aus und geben unter *Ordner* den Pfad zur gewünschten Alfresco-Site an. Der Pfad lautet allgemein wie folgt:

```
\\alfresco-host\Alfresco\Site
```
(*Linux Server erforderlich*)

Mit einem Klick auf *Fertig stellen* baut der Client eine Verbindung zu Alfresco auf. Sie müssen nur noch die Benutzerdaten eingeben und schon können Sie die Freigabe wie jedes andere Laufwerk verwenden.

Der Zugriff per SMB auf eine Alfresco-Site.

Auch der FTP-Zugriff auf Alfresco ist mit jedem beliebigen FTP-Client möglich. Auf diesem Weg können Sie beliebige Dateien zwischen dem Client und dem Alfresco-Server austauschen. Als FTP-Server-Adresse geben Sie die Host-Adresse des DMS-Hosts an und verwenden die Benutzerdaten. Fertig! Alfresco unterstützt auch den WebDAV-basierten Zugriff. So können Sie die Inhalte einfach in Web-DAV-fähige Umgebungen integrieren.

alfresco \tomcat \webapps \alfresco \WEB-INF \

LiB \ alfresco - repository -5.1.e jar

config SMB

alfresco global Properties

alfresco \tomcat \ shared \classes

tomcat \Wedapps \WEB-INF \Classes \alfresco \

module \alfresco _shere-server

5 Mit Regeln arbeiten

Eine weitere Besonderheit des Alfresco-Systems ist die Verwendung von soge-
nannten Regeln. Damit können Sie verschiedene Aufgaben und Aktionen in der
Umgebung automatisieren. Sie können damit beispielsweise Dokumente beim
Import automatisch in den dafür vorgesehenen Ordner kopieren, eine Kategorisie-
rung auf Basis der Content-Bezeichnung, eine Transformation in verschiedene
Formate oder E-Mail-Hinweise automatisch generieren. Sie können sogar eine
Abfolge von Verarbeitungsregeln anlegen. Ihrer Kreativität sind kaum Grenzen
gesetzt.

Der Zugriff auf die Regelfunktionen.

5.1 Dokumente automatisch organisieren

Alfresco erlaubt Ihnen das Anlegen von Ordnerregeln für jeden einzelnen Ordner.
Mit Hilfe der Regeln können Sie insbesondere das Organisieren automatisieren und
beispielsweise beim Dokumentenimport dafür sorgen, dass diese nach bestimmten
Kriterien sortiert werden. Das ist gerade dann sinnvoll, wenn Sie einen ganzen
Packen an Dokumenten in das System importieren.

Nehmen wir an, Sie haben einen Ordner angelegt, in den alle importierten Dokumente kopiert werden, so können Sie als Nächstes eine Verarbeitungsregel anlegen, die die importierten Dokumente in die verschiedenen Ablagen sortiert.

Die Vorgehensweise ist dabei immer ähnlich. Neben der Ausgangsablage, in diesem Beispiel trägt der Ordner die Bezeichnung *Import*, benötigen Sie eine oder weitere Ablagen, in die die Dateien verschoben werden. Wir bezeichnen ihn in diesem Beispiel als *Produktinformationen.*

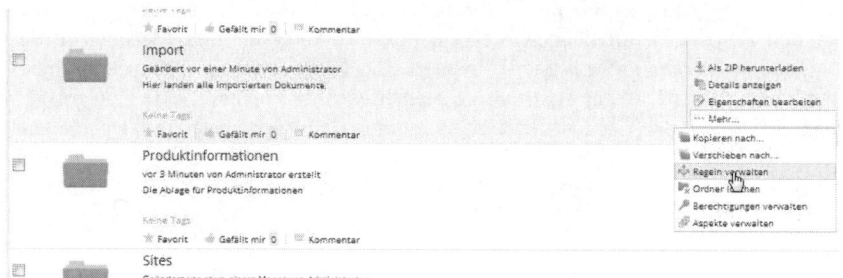

Das Anlegen einer ersten Verarbeitungsregel.

Um eine Verarbeitungsregel anzulegen, wechseln Sie in die Ordnerliste, platzieren den Mauszeiger über den Ausgangsordner und führen den *Befehl Mehr > Regeln verwalten* aus.

Alfresco präsentiert Ihnen den Hinweis *Für diesen Ordner wurden keine Regeln definiert*, der anzeigt, dass für die aktuelle Ablage noch keine Verarbeitungsanweisungen bestehen. Folgen Sie dem Link *Regeln erstellen*, um eine erste Regel anzulegen.

Im Dialog *Neue Regel* weisen Sie der Verarbeitungsvorschrift zunächst eine aussagekräftige Bezeichnung zu. Optional ist die Angabe einer Beschreibung möglich.

Es folgt die eigentliche Regeldefinition im Abschnitt *Regel definieren*. Im Auswahlmenü *Wenn* bestimmen Sie die Ausgangsbedingung. Die lautet in unserem Fall *Objekte werden hier erstellt oder hierhin verschoben*. Mit einem Klick auf das Pluszeichen am Ende des Auswahlmenüs können Sie weitere Bedingungen anlegen und gegebenenfalls wieder entfernen.

Als Nächstes legen Sie fest, ob dieses Kriterium erfüllt sein soll oder nicht. Je nach Wahl aktivieren Sie eine der beiden folgenden Optionen:

- Wenn alle Kriterien erfüllt sind

- Wenn nicht alle Kriterien erfüllt sind

Es folgt die exakte Kriteriendefinition. In diesem Beispiel soll die Dokumentenbezeichnung den Begriff *Produkt* enthalten und beim Erfüllen dieser Bedingung in den entsprechenden Ordner kopiert werden. Wir wählen dazu aus dem umfangreichen Auswahlmenü den Eintrag *Titel*, bestimmen als logische Verknüpfung die Option *Enthält* und geben in das Eingabefeld *produkt* ein. Sie könnten nun auch weitere Kriterien wie beispielsweise eine Jahreszahl oder ähnliches hinzufügen.

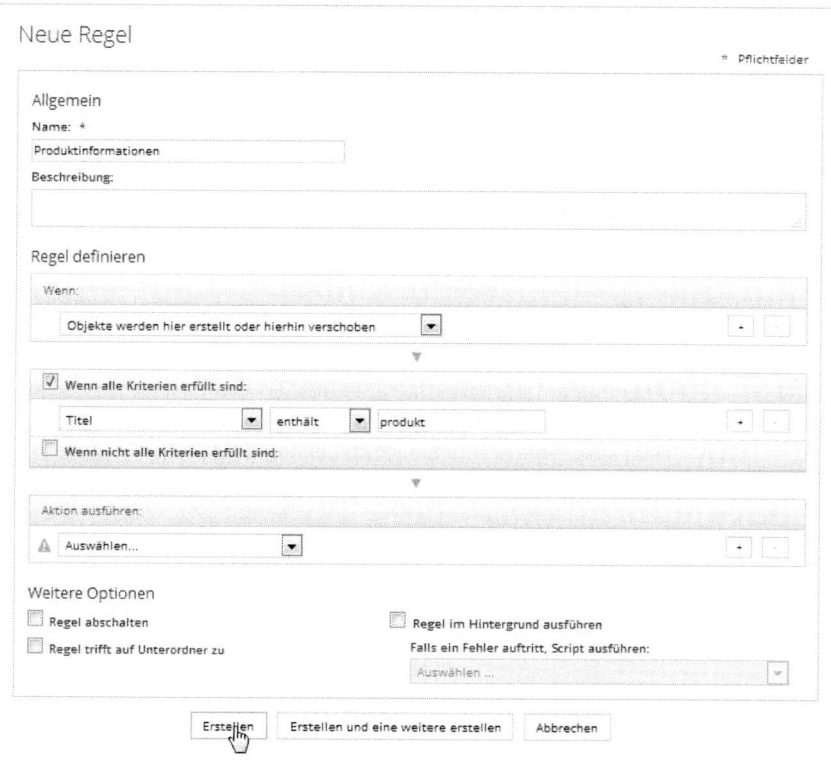

Das Anlegen einer neuen Verarbeitungsregel.

Der nächste Schritt dient der Konfiguration der auszuführenden Aktion. Hierfür verwenden Sie das Auswahlmenü *Aktion ausführen*. In diesem Beispiel wählen Sie die Aktion *Verschieben* und bestimmen dann den Zielordner.

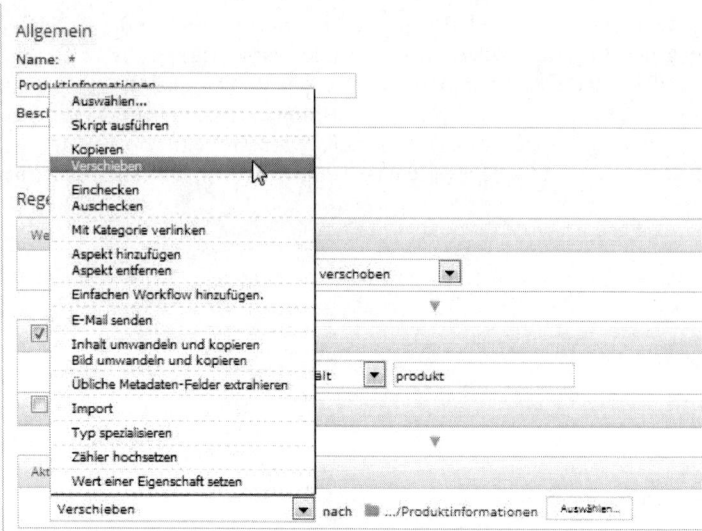

Die Auswahl der auszuführenden Aktion.

Anschließend klicken Sie auf die Schaltfläche *Erstellen*, um die Regelkonfiguration zu sichern. Nach dem Sichern präsentiert Ihnen Alfresco das Regelwerk für den Import-Ordner. Die Regelzusammenfassung führt alle für den Ordner *Import* angelegten Regeln auf.

Zu jeder Regel werden die wesentlichen Eigenschaften aufgeführt:

- Bedingung/Kriterium
- Aktion

Beachten Sie, dass Sie mehrere Bedingungen, Kriterien und Aktionen verwenden können. Aber fast noch wichtiger: Sie können die Regel aus der Regelkonfiguration heraus ausführen. Wie wir später noch sehen werden, ist auch die automatische oder zeitgesteuerte Ausführung möglich.

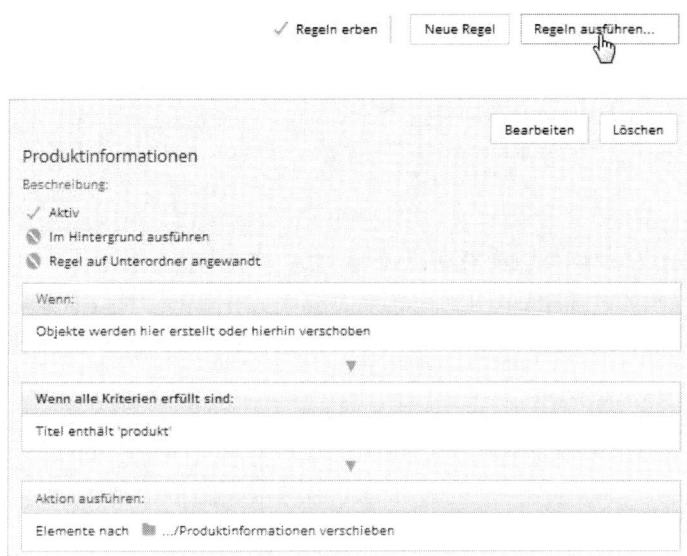

Die Regelzusammenfassung.

Die Regelausführung bietet Ihnen ebenfalls zwei Optionen: Sie können die Regelkonfiguration auf den aktuellen und auf alle untergeordneten Ablagen anwenden. Dazu klicken Sie auf die Schaltfläche *Regel ausführen* und wählen dann eine der beiden Ausführungsvarianten aus.

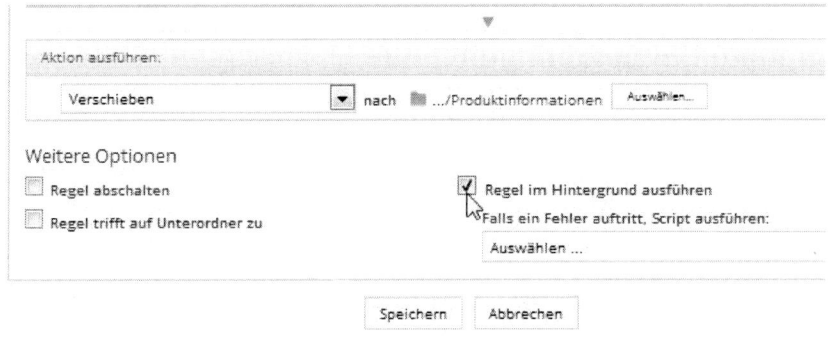

Die weiteren Ausführungsoptionen.

Die meisten Regeln müssen in Echtzeit ausgeführt werden. Also dann, wenn wie in unserem Fall ein neues Dokument in der Import-Ablage landet, muss es unmittelbar beim Importieren in den dafür vorgesehenen Ordner verschoben werden. Doch nicht immer ist das sinnvoll und notwendig. Manche Verarbeitungen können auch im Hintergrund aufgeführt werden. Dazu stellt Ihnen die Regelkonfiguration die Option *Regel im Hintergrund ausführen* zur Verfügung.

5.2   Eigenschaften dynamisch zuweisen

Oben haben Sie Möglichkeiten kennengelernt, Dokumenten Eigenschaften zuzuweisen. Dabei handelt es sich überwiegend um statische Eigenschaften. Doch manches Mal ist es auch sinnvoll, wenn man Dokumente dynamisch um zusätzliche Informationen erweitern kann. Dabei kann es sich beispielsweise um die Gültigkeitsdauer oder ähnliches handeln. Dazu weisen Sie dem Objekt einen neuen Aspekt zu: die Effektivität.

Das Zuweisen eines dynamischen Aspekts.

Die Verwendung ist ansonsten einfach. Der einzige Unterschied zu obiger Wegbe-schreibung: Sie verwenden unter *Aktion ausführen* den Eintrag *Aspekt hinzufügen* und wählen in dem zweiten Auswahlmenü den Eintrag *Effektivität*.

Ähnlich einfach können Sie auch für alle Dokumente in einer Ablage die Versio-nierung aktivieren – die standardmäßig deaktiviert ist. Dazu gehen Sie wie zuvor beschrieben vor und legen eine neue Regel mit der Aktion *Aspekt hinzufügen* an. Dem Aspekt weisen Sie den Wert *Versionsfähig* zu.

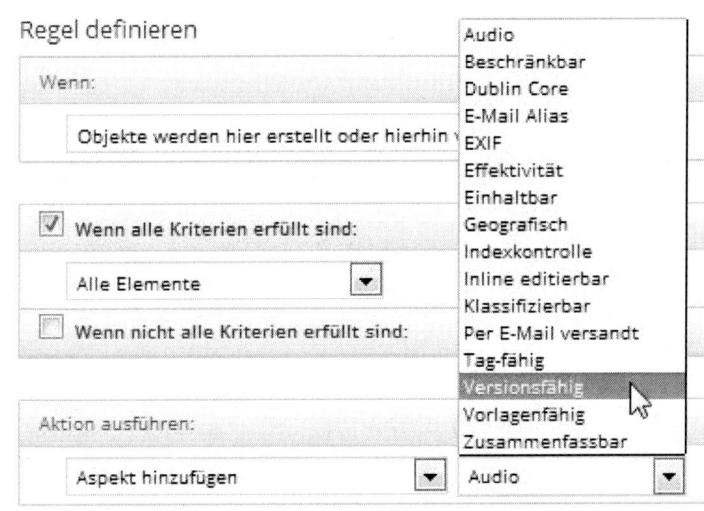

So werden alle Dokumente versionierbar.

5.3 Weitere Regelfunktionen

Das Alfresco-Regelwerk bietet vielfältige weitere Funktionen. Eine der interessan-testen Funktionen ist die E-Mail-Benachrichtigung. Damit können Sie beispiels-weise bestimmte Benutzer darüber informieren, dass in einer Ablage x ein neues Dokument liegt, das weiter bearbeitet werden soll.

Die Verwendung dieser Funktion ist wieder recht einfach. Sie erzeugen eine Abla-ge, über deren Inhalte bestimmte Mitarbeiter informiert werden sollen. Dann legen Sie eine neue Regel an und wählen im Auswahlmenü *Aktion* die Option *E-Mail senden* aus. Dann klicken Sie auf die Schaltfläche *Nachricht*, wählen über *Zu* die Empfänger aus, geben den Betreff und die Nachricht an. Auch die Verwendung einer Vorlage ist möglich. Bei der Vorlage handelt es sich um eine HTML-basierte

Vorlage. Das zugehörige Auswahlmenü stellt Ihnen auch eine deutschsprachige Variante zur Verfügung.

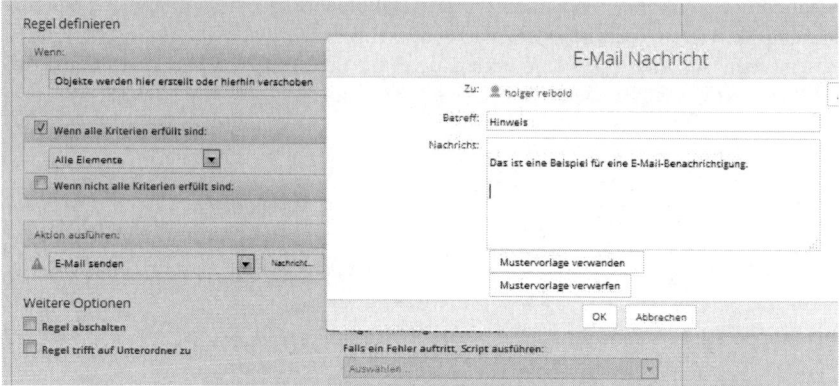

Das Anlegen einer E-Mail-Benachrichtigung.

Einige Aktionen haben Sie bereits kennengelernt, aber die Regelkonfiguration hat noch weit mehr Regeln zu bieten. Das Auswahlmenü bietet Ihnen folgende Aktionen:

- **Skript ausführen**: Führt ein JavaScript aus, das in der Umgebung hinterlegt ist.

- **Kopieren**: Kopiert die Content-Elemente in das angegebene Zielverzeichnis. Die Ausgangsdatei bleibt, wo sie ist.

- **Verschieben**: Das Content-Element wird aus der Ablage entfernt und an eine andere Position verschoben.

- **Ein-/Auschecken**: Checkt das Dokument ein bzw. aus.

- **Mit Kategorie verlinken**: Stellt eine Verknüpfung zwischen dem Dokument und einer Kategorie her.

- **Aspekt hinzufügen/entfernen**: Oben haben Sie verschiedene Aspekt-Varianten kennengelernt. Mit dieser Aktion fügen Sie einen Aspekt hinzu bzw. entfernen diesen.

- **Einfachen Workflow hinzufügen**: Fügt dem Dokument einen Workflow hinzu.

- **E-Mail senden:** Informiert bestimmte Benutzer über Änderungen an einer Ablage oder einem Dokument.

- **Inhalt umwandeln und kopieren:** Konvertiert das Content-Element in ein anderes Format und kopiert die konvertierte Datei in das gewünschte Zielverzeichnis.

- **Bild umwandeln und kopieren:** Die Aktion wandelt ein Bild in ein anderes Format um und kopiert es.

- **Übliche Metadaten-Felder extrahieren:** Extrahiert die in dem Content-Element hinterlegten Metadaten.

- **Import:** Importiert ein Content-Paket.

- **Typ spezialisieren:** Definiert den Content-Typ für das Dokument.

- **Zähler hochsetzen:** Setzt den Versionszähler um einen Wert nach oben.

- **Wert einer Eigenschaft setzen:** Weist dem Content-Element eine von vielen weiteren Eigenschaften zu.

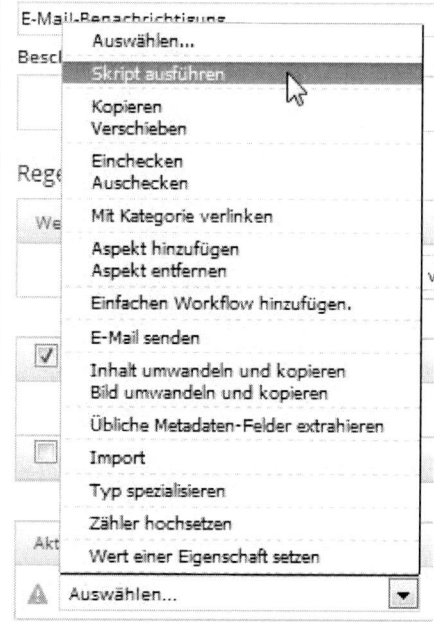

Die Aktionsauswahl.

Eine der interessantesten und flexibelsten Aktionen ist zweifelsohne das Hinzufügen eines neuen Aspekts. Wenn Sie diesen Aktionstyp verwenden, öffnet sich ein weiteres Auswahlmenü mit vielen weiteren Zusatzinformationen, die Sie einem Content-Element zuweisen können.

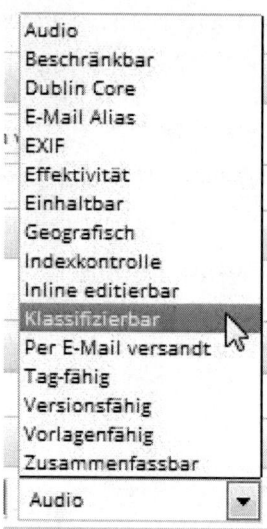

Die Aspekt-Auswahl.

Einige der interessantesten sollen hier noch kurz vorgestellt werden:

- **Dublin Core**: Erweitert die Elemente um die Dublin Core-kompatiblen Metadaten.

- **E-Mail Alias**: Fügt einen E-Mail-Alias dem Content-Element hinzu.

- **Klassifizierbar**: Aktiviert die Content-Klassifizierung.

- **Tag-fähig**: Fügt dynamische Eigenschaften zu einem Dokument hinzu.

- **Zusammenfassbar**: Fügt die Eigenschaft *Zusammenfassung* zum Dokument hinzu.

5.4 Word-Dokument nach PDF konvertieren

Alfresco verfügt über Transformationsfunktionen, die Ihnen den Umgang mit Dokumenten deutlich vereinfachen. Sie können beispielsweise automatisch Word-Dokument nach PDF konvertieren. Das bringt gleich mehrere Vorteile. Zum einen kann dieser Dokumententyp von allen Anwendungen und Geräten genutzt werden, zum anderen schützen Sie das Dokument vor versehentlichen oder absichtlichen Änderungen. Außerdem ist eine hohe Konsistenz bei der Nutzung eines PDF-Dokuments auf den verschiedenen Plattformen sichergestellt.

All das lässt sich mit Hilfe des Regel-Mechanismus automatisieren. Sie könnten beispielsweise dafür sorgen, dass alle importierten Word-Dokumente automatisch nach PDF-konvertiert und dann in eine geeignete Ablage kopiert werden.

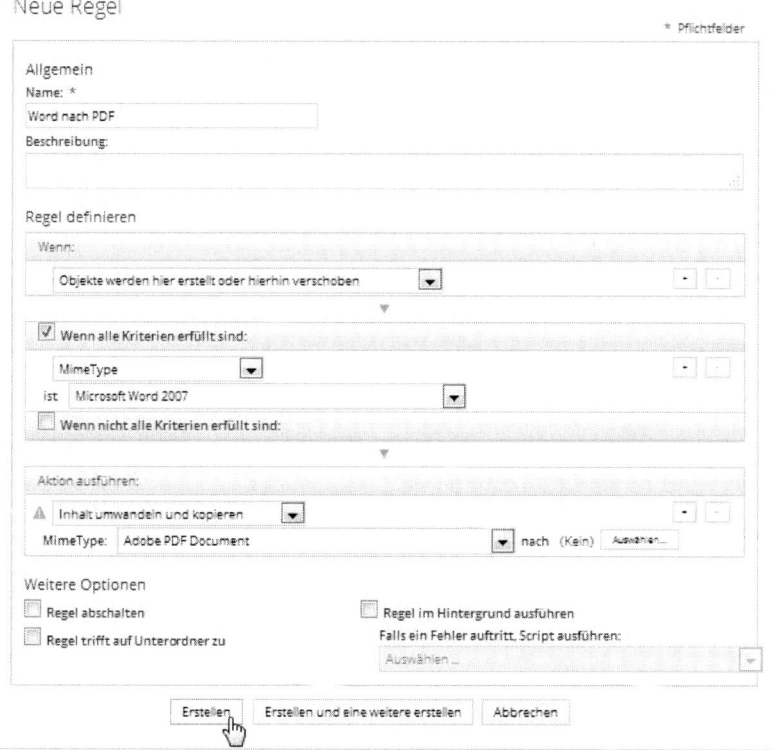

Die Transformation von Word-Dokumenten nach PDF.

Mit der Vorgehensweise sind Sie inzwischen vertraut. Einzig die zu verwendeten Bedingungen und Aktionen sind andere als die, die Sie bisher kennengelernt haben.

Öffnen Sie in der Ablage, für die Sie die Transformation einrichten wollen, den Regel-Assistenten. Entscheidend für diese Konfiguration sind die Bedingung und die auszuführende Aktion. Als Bedingung verwenden Sie *MimeType* und wählen aus dem Auswahlmenü den Typ *Microsoft Word* (oder eine spezifische Word-Version) aus.

Die Umwandlung führen Sie in der Aktionen-Konfiguration mit *Inhalt umwandeln und kopieren* aus. Wählen Sie im Auswahlmenü *MimeType* die Option *Adobe PDF Document* und bestimmen Sie mit einem Klick auf die Schaltfläche *Auswählen* den Zielordner. Diese Regel sollten Sie für den Hintergrundbetrieb vorsehen, damit die Konvertierung automatisch erfolgt. Auf ähnliche Weise könnten Sie beispielsweise für eine Konvertierung von OpenOffice- in MS Office-Dokumente – oder umgekehrt – sorgen.

Prinzipiell ist auch eine zeitlich gesteuerte Ausführung der Regeln möglich. Das setzt allerdings bei der Ausführung von Alfresco das Anlegen eines Cron-Jobs oder aber die Verwendung einer XML-basierten Zeitsteuerung voraus.

6 Alfresco für Fortgeschrittene

Alfresco ist ein flexibles und leistungsfähiges Dokumentenmanagementsystem, das eine Fülle von erweiterten Funktionen bietet. Sie können beispielsweise Workflows anlegen, Alfresco für das Zusammenspiel mit externen Anwendungen einrichten und vieles mehr. In diesem Kapitel steigen wir in verschiedene fortgeschrittene Anwendungsbereiche ein.

6.1 Workflow implementieren

Bereits in Kapitel 2.9 sind wir der Workflow-Funktion begegnet. Mit einem Workflow können Sie Business-Abläufe automatisieren. Dabei können Sie verschiedenste Verarbeitungsregeln anwenden. Prinzipiell unterscheidet man in Alfresco zwischen einfachen und erweiterten Workflows. Ein einfacher Workflow-Prozess beschreibt in der Regel das Verschieben eines Content-Elements von A nach B. Eine entsprechende Konfiguration ist unabhängig von anderen Workflows. Erweiterte Workflow-Konfigurationen sind aufgabenorientiert. Sie erzeugen dabei eine Aufgabe und weisen dieser ein Dokument und einen Bearbeiter zu. Sie können dabei auch eine Aufgabenliste führen. Sie können auch verschiedenste Hinweise an alle Beteiligten versenden.

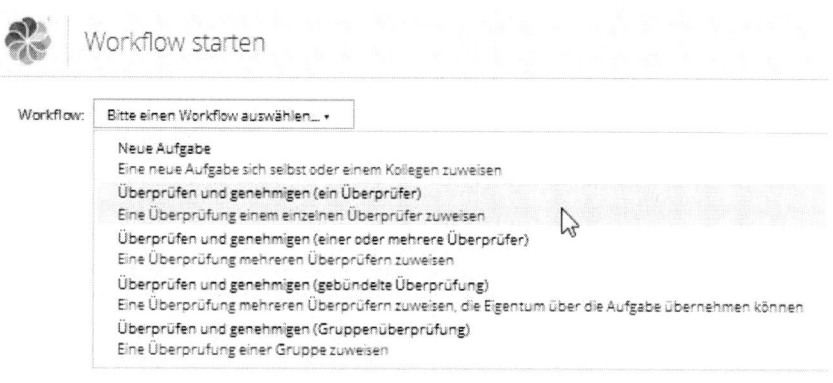

Die Auswahl eines Workflow-Typs.

Alfresco bedient sich bei den erweiterten Workflows zweier Workflow Engines: JBPM und Activiti. Wir beschränken uns hier auf die einfache Variante. Wie Sie bereits wissen, verfügt Alfresco über verschiedene vordefinierte Workflow-Konfigurationen.

Das Zuweisen eines Workflows zu einem Dokument ist einfach: Platzieren Sie den Mauszeiger über einem Dokument und führen Sie den Befehl *Mehr > Workflow starten* aus. In zugehörigen Dialog wählen Sie einen der folgenden Standard-Workflows aus:

- **Neue Aufgabe**: Dies ist die einfachste Workflow-Variante. Die Aufgabe weisen Sie sich selbst oder einem Kollegen zu.

- **Überprüfen und genehmigen (ein Überprüfer)**: Bei dieser Variante weisen Sie die Überprüfung einem einzelnen Überprüfer zu.

- **Überprüfen und genehmigen (einer oder mehrere Überprüfer)**: Dieser Workflow weist eine Überprüfung mehreren Überprüfern zu.

- **Überprüfen und genehmigen (gebündelte Überprüfung)**: Diese Konfiguration weist eine Überprüfung mehreren Überprüfern zu, die das Eigentum über die Aufgabe übernehmen können.

- **Überprüfen und genehmigen (Gruppenüberprüfung)**: Die letzte vordefinierte Workflow-Konfiguration weist eine Überprüfung einer Gruppe zu.

Alternativ können Sie einen Workflow aus dem geöffneten Dokument heraus starten. In den Dokumentenaktionen finden Sie ebenfalls die Workflow-Funktion.

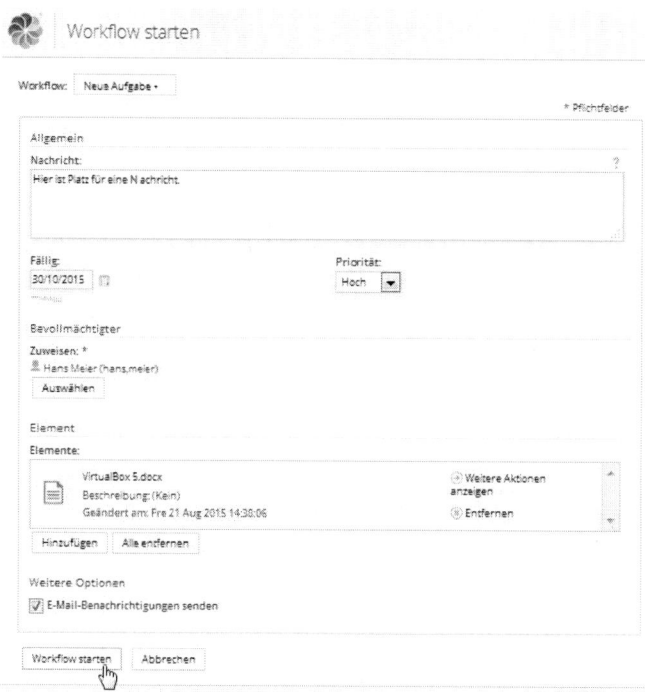

Die Workflow-Konfiguration.

Nach der Wahl des Workflow-Typs steht als Nächstes die Konfiguration des Workflows auf dem Programm. Weisen Sie der Workflow-Konfiguration zunächst eine Beschreibung zu. Dann bestimmen Sie die Fälligkeit und die Priorität. Die Zuständigkeit zur Überprüfung liegt bei dem zu bestimmenden Bevollmächtigten.

Ein wenig irritierend ist, dass Alfresco unter *Element* nicht immer das Content-Element auswählt, dass Sie zuvor geöffnet haben. Unter *Element* bestimmen Sie das oder die Elemente, die Sie in der Workflow-Konfiguration verwenden wollen. Sie können der Konfiguration weitere Elemente zuweisen.

Wenn Sie die mehrfach- oder Gruppenüberprüfung aktiviert haben, steht Ihnen ein zusätzliches Eingabefeld zur Verfügung: *Erforderlicher Prozentsatz Genehmigung.* Hier legen Sie den Prozentsatz fest, der als Genehmigung gilt. Der Wert kann zwischen 0 und 100 liegen. Standardmäßig ist außerdem die E-Mail-Benachrichtigung aktiviert, damit die betreffenden Mitarbeiter automatisch informiert werden.

Die Workflow-Konfiguration beginnen Sie mit einem Klick auf *Workflow starten.*

6.2   *Zusammenspiel mit MS Office*

Alfresco ist insbesondere für das Zusammenspiel mit MS Office und OpenOffice gerüstet. Dank der Unterstützung des SharePoint-Protokolls können Sie in Ihren MS Office-Anwendungen einen Dokumentarbeitsbereich anlegen und dort die Dokumente ablegen und bearbeiten.

In MS Office-Anwendungen können Sie eine sogenannte Dokumentarbeitsbereich-Website erstellen, in dem Sie Ihre Dateien in einer Dokumentbibliothek speichern. Mitglieder dieser Site können beispielsweise mit MS Word mit den dort abgelegten Dateien arbeiten. Eine Bibliothek ist ein Speicherort, an dem Sie Dateien zusammen mit Teammitgliedern erstellen, sammeln, aktualisieren und verwalten können. In Bibliotheken werden Versionen von Dateien nachverfolgt, sodass die Benutzer einen Verlauf der Änderungen sehen und frühere Versionen gegebenenfalls wiederherstellen können.

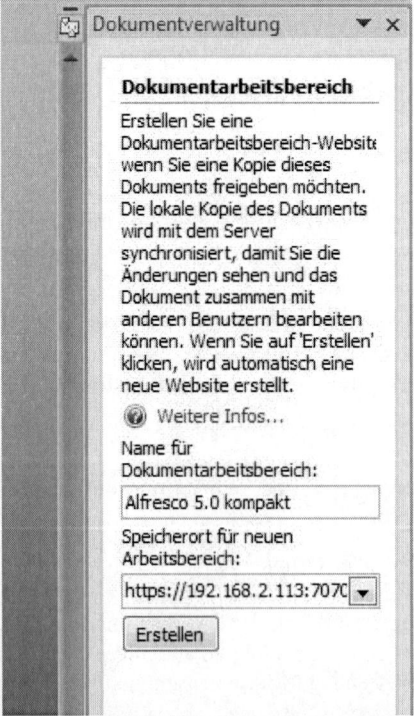

Der Zugriff auf Alfresco von MS Word.

Um von MS Word auf Alfresco zuzugreifen, klicken Sie auf die Schaltfläche *Microsoft Office* und führen den Befehl *Veröffentlichen > Dokumentarbeitsbereich erstellen* aus. Word blendet den Arbeitsbereich *Dokumentverwaltung* ein. Geben Sie unter *Name für Dokumentarbeitsbereich* eine Bezeichnung für die Ablage an, die Sie aus Word heraus generieren wollen.

Dann geben Sie die URL des Servers in dem Eingabefeld *Speicherort für neuen Arbeitsbereich* ein. Die URL sollte wie folgt aussehen:

```
http://alfresco-host>:<7070>/alfresco/
```

Wundern Sie sich nicht, dass der SharePoint-Port 7070 lautet. Das ist die Standardkonfiguration der Alfresco-Installation. Sie können die Vorgabe in *\tomcat\webapps\alfresco\WEB-INF\classes\alfresco\module\org.alfresco.module.vti\context\vti.properties* ändern. Nachdem Sie die Server-Konfiguration angelegt haben, können Sie über den Arbeitsbereich mit der Ablage arbeiten.

IPand voic-02 1878.Cloudapp.net /alfresco/aos

/Usor %20 Homes / nusor /Ablage

6.3   Suchen wie die Profis

Alfresco kann prinzipiell verschiedene Such-Server verwenden. In Alfresco 5.0 Community Edition kommt der Solr-Suchmechanismus zum Einsatz. Um herauszufinden, welche Suchmaschine Ihre Alfreso-Installation verwendet, rufen Sie folgende URL auf:

```
http://<ip-adr>:<port>/alfresco/service/api/search/engines
```

Engine	URL Type	Response Format
Alfresco Person Search	OpenSearch Description	application/opensearchdescription+xml
Alfresco Keyword Search	OpenSearch Description	application/opensearchdescription+xml

Die beiden Standardsuch-Engines der Alfresco-Installation.

Wie Sie der Ausgabe entnehmen können, verfügt die Alfresco Community Edition über zwei Such-Engines: die Personen- und die Passwort-Suche. Mit einem Klick auf eine Engine-Bezeichnung rufen Sie die XML-basierte Beschreibung ab.

Die Keyword-Suche unterstützt die Suche nach vier Kriterien:

- **searchTerms**: Schlüsselwort oder Schlüsselwörter.

- **startPage**: Seitenzahl des Suchergebnisses.

- **count**: Anzahl an Ergebnissen pro Seite.

- **language**: Sprache, in der gesucht wird.

Mit der Angabe der zugehörigen Such-URL und des Suchbegriffs können Sie eine Suche auch durch die Angabe einer URL starten:

```
http://localhost:8080/alfresco/service/search/keyword.html?q=
holger
```

Alfresco Keyword Search

Results **1** - **7** of **7** for **holger** visible to user **admin.**

VirtualBox 5_675d7644-9271-438c-8210-31415a6154f1.docx

VirtualBox 5.docx

VirtualBox 5 (Arbeitskopie).docx

9783954441853.pdf

Magento SEO

9783954441617.pdf

Penetration Testing

9783954441617.pdf

Penetration Testing

20 Must-have-Apps für Android - v2 - April 2015.doc

first 1 last

Das Ergebnis einer Schlüsselwortsuche.

Die Verwendung von Solr bringt verschiedene Vorteile. Die Suchmaschine stellt Ihnen insbesondere eine webbasierte GUI für die Administration und das Monitoring zur Verfügung.

Die GUI bietet Ihnen eine detaillierte Statistik der Solr-Indizes, erlaubt das Aktivieren verschiedener Protokolle und gewährt Ihnen Einblick in die Solr-Konfiguration. Nach der Installation und Konfiguration ist die Web-GUI über folgende URL verfügbar:

```
https://localhost:8443/solr
```

Sie müssen dem von dem Server bereitgestellten Zertifikat vertrauen, damit ein Zugriff möglich ist.

6.4 Dokumente scannen und einlesen

Alfresco propagiert das papierlose Büro und so ist es eine Selbstverständlichkeit, dass die Umgebung Dokumentenscanner integriert und über ein OCR-Modul (Optical Character Recognition) verfügt. Mit Alfresco können Sie insbesondere Dokumente mit einem typischen Scanner einlesen und dann in der Umgebung den gewünschten Mitarbeitern zur Verfügung stellen. Auch der Batch-Upload von Dokumenten in eine Alfresco-Ablage ist möglich. Und dank der OCR-Funktion kann Alfresco die Inhalte auch indizieren und durchsuchbar machen.

Die Integration von gescannten Dokumenten, aber auch von Bildern, bringt im Unternehmen verschiedene Vorzüge. Der größte Vorteil ist sicherlich, dass eine digitale Variante einfach für alle Mitarbeiter verfügbar gemacht werden kann. Durch die Indizierung sind auch die Inhalte von eingescannten Dokumenten durchsuchbar – auch das ein deutlicher Vorteil gegenüber der gedruckten Fassung. Alfresco kann durch die Unterstützung von ICR (Intelligent Character Recognition) auch Formulare einlesen und diese im Dokumentenmanagementsystem nutzbar machen.

Ein erstklassischer Dokumentenscanner:
Fujitsu ScanSnap iX500.

Die Vorgehensweise für die Verwendung eines Dokumentenscanners ist einfach: Am besten richten Sie den Scanner so ein, dass er die gescannten Dokumente automatisch in eine netzwerkweite Ablage kopiert. Das lässt sich mit der Treibersoftware eines professionellen Dokumentenscanners wie dem Fujitsu ScanSnap iX500 einrichten. Dann legen Sie noch eine neue Regel an, die die Daten von der Netzwerkablage in das gewünschte Verzeichnis kopiert. Fertig. Schon sind die eingescannten Dokumente entsprechend Ihrer Konfiguration im Unternehmen verfügbar.

6.5 Import und Export von Content

In den meisten Unternehmen existieren bereits mehr oder minder umfangreiche Dokumentenberge. Um diese mit Alfresco verwalten zu können, müssen Sie das System damit füttern. Hierzu bedient man sich einer Importfunktion. Aber Alfresco erlaubt nicht nur den Import, sondern auch den Export.

Alfresco verwendet ein eigenes Content-Format für den Import und Export: Alfresco Content Package, kurz ACP. Dieses Format bündelt die Content-Daten, Metadaten, Regeln etc. in einer Archivdatei. Die Durchführung des Imports und Exports ist einfach. Beim Export werden in der Regel eine oder mehrere ACP-Dateien generiert, die Sie dann per E-Mail, FTP oder einem anderen Übertragungsweg auf ein externes Medium transferieren. Beim Import wird eine ACP-Datei in das beim Importvorgang angegebene Zielverzeichnis kopiert.

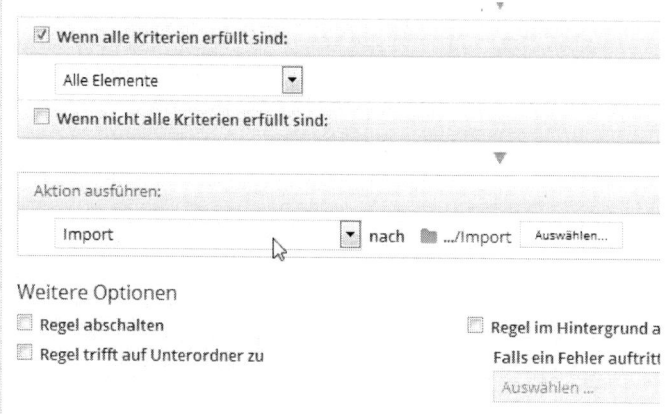

**Import leichtgemacht: Die Import-Aktion
kümmert sich um den zielgenauen Import.**

Eine ACP-Datei ist letztlich nichts anderes also ein ZIP-Archiv mit folgender Struktur:

```
/<acp_paket_name>.xml
/<acp_paket_name>/
    Content_A.pdf
    Content_B.txt
    ...
```

Die Bezeichnung des Pakets weisen Sie beim Export zu.

Besonders einfach ist das Importieren von Daten mit Hilfe einer Regelkonfiguration. Dazu legen Sie eine neue Regel an, bestimmen den Ordner, in den Ihr Dokumentenscanner die eingelesenen Dokumente kopiert und wählen die Import-Aktion samt Zielordner aus. Sie können diese Importregel natürlich mit weiteren Bedienungen verknüpfen. So können Sie beispielsweise die Bezeichnung der gescannten Dokumente dazu nutzen, um die Dateien direkt in die „richtige" Ablage zu kopieren.

Der Bulk Importer in Aktion.

Alfresco stellt Ihnen weitere Importfunktionen zur Verfügung: den Bulk Importer. Der erlaubt den Import auf Verzeichnisse in bestimmte Zielverzeichnisse. Der Zugriff auf die Funktion erfolgt über diese URL:

```
http://localhost:8080/alfresco/service/bulkfsimport
```

Geben Sie unter *Import directory* das Ausgangsverzeichnis an, aus dem die Dateien importiert werden sollen. Dann bestimmen Sie mit *Path* das Ziel. Sie können durch Aktivieren der Option *Disable rules* eventuell vorhandene Regelkonfigurationen deaktivieren. Wenn Sie große Datenmengen in das System importieren wollen, können Sie mit *Number of Threads* die Anzahl der parallelen Importvorgänge entsprechend anpassen.

Alfresco stellt Ihnen außerdem zwei konsolenbasierte Import- und Export-Tools zur Verfügung. Diese erlauben den Import und Export ohne die Verwendung der Alfresco-GUI. Das Import-Werkzeug ist in der Java-Klasse *org.alfresco.tools.Import* implementiert. Die Verwendung:

```
import -user <benutzername> -pwd <passwort> -s[tore] <ablage>
[option] <paketname>
```

Eine mögliche Option ist *-path* für die Angabe des Zielverzeichnisses (relativ zum Root-Ordner).

Wenn Sie Daten exportieren wollen, verwenden Sie das Export-Tool *org.alfresco.tools.Export*. Die Verwendung:

```
export -user <benutzername> -pwd <passwort> -s[tore] <ablage>
[option] <paketname>
```

Dabei ist *<username>* die User-ID und *<passwort>* das zugehörige Passwort. Außerdem geben Sie die Bezeichnung der Zieldatei an.

6.6   *Wartungsarbeiten*

Wenn Sie in einem zentralen System wie Alfresco Daten ablegen, die von allen Mitarbeitern genutzt werden, so sind die Datensicherheit und das regelmäßig Sichern der Dokumente und Content-Elemente eine wichtige Aufgabe.

Alfresco legt die Daten, die Sie in das System übertragen, im Ordner *alf_data* ab, auch die Benutzerdaten und weitere wichtige Konfigurationsdateien. Außerdem werden wichtige Informationen in der eigenen PostgreSQL-Datenbank abgelegt.

Um die von Alfresco verwalteten Content-Elemente zu sichern, müssen Sie also Kopien des Unterverzeichnisses *alf_data* und einen Export der Datenbank erstellen. Damit können Sie dann die Umgebung schnell wiederherstellen.

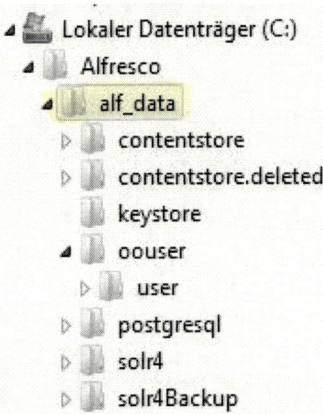

Alfresco speichert wichtige Daten im Unterverzeichnis *alf_data*.

Eine weitere wichtige administrative Aufgabe ist die regelmäßige Prüfung der Protokolldateien. Die Log-Dateien werden im Wurzelverzeichnis Ihrer Alfresco-Installation abgelegt und sie besitzen die Dateibezeichnung *alfresco.log.JJJJ-MM-TT*. Die Umgebung legt auch Share- und Solr-Protokolldateien an. In der Alfresco-Logdatei finden Sie drei Einträge:

- ERROR – Zeigt Fehler an, die Sie beheben sollten.

- WARN – Zeigt eine Warnung an, die Sie zumindest prüfen sollten.

- INFO – Führt allgemeine Informationen über das System auf.

Hier ein Auszug aus einer Alfresco-Protokolldatei, in der alle drei Hinweistypen auftreten:

```
2015-09-02 07:01:53,172 INFO
[org.springframework.extensions.webscripts.DeclarativeRegistr
y] [asynchronouslyRefreshedCacheThreadPool1] Registered 0
Schema Description Documents (+0 failed)
2015-09-02 07:03:01,167 WARN
[org.alfresco.util.OpenOfficeConnectionTester] [DefaultSche-
duler_Worker-6]
 trying to query Open Office version information. OpenOffi-
ce.org's ConfigurationRegistry not implemented in this versi-
on of OOo. This should not affect the operation of OOo.
2015-09-02 07:03:01,167 INFO
[org.alfresco.util.OpenOfficeConnectionTester] [DefaultSche-
duler_Worker-6] The OpenOffice connection was re-established.
2015-09-02 08:00:02,884 ERROR
[org.alfresco.repo.action.AsynchronousActionExecutionQueueImp
l] [defaultAsyncAction2] Failed to execute asynchronous acti-
on: Action[ id=302fc60f-2d01-4923-b92d-9942990de975, no-
de=workspace://SpacesStore/302fc60f-2d01-4923-b92d-
9942990de975 ]: 08020023
```

Sie sollten diese Protokolldateien regelmäßig auf Fehler und Warnungen prüfen. Nur so können Sie sicherstellen, dass das System zuverlässig arbeitet.

Bei der Installation von Alfreso haben Sie den Administrator angelegt. Aus Sicherheitsgründen sollten Sie dessen Passwort regelmäßig ändern. Sollte das Passwort aus irgendeinem Grund verlorengegangen sein, können Sie es zurücksetzen. Die hierfür zuständige Eigenschaft lautet wie folgt:

```
external.authentication.defaultAdministratorUserNames
```

Die finden Sie in folgender Datei:

```
<configRoot>\subsystems\Authentication\external\external-
authentication.properties
```

Setzen Sie dort das Passwort zurück und führen Sie einen Neustart der Umgebung aus.

Anhang A – More Info

In diesem Praxiseinstieg haben Sie die wichtigsten Funktionen und Möglichkeiten des Dokumentenmanagementsystems Alfresco Community Edition kennengelernt. Damit sind Sie mit den Basics vertraut und können die weiteren Schritte selbst angehen. In der Praxis werden Fragen auftauchen, insbesondere zur Anpassung und zu spezifischen Anwenderproblemen, die dieser Einstieg nicht behandelt. In diesem Fall sind Sie auf weiterführende Informationsquellen angewiesen. Die wichtigste Quelle für alles rund um das DMS ist das Alfresco Wiki:

```
https://wiki.alfresco.com/wiki/Main_Page
```

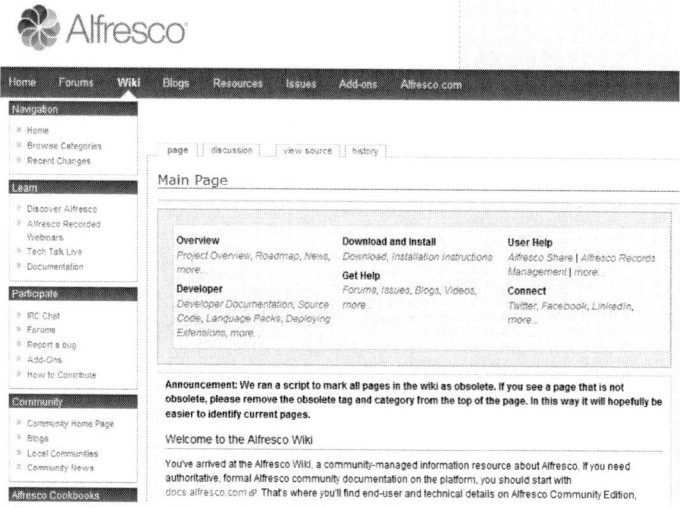

Erste Adresse für weitere Informationen: das Alfresco-Wiki.

Dort finden Sie zu nahezu allen Belangen weitere Details, auch eine Roadmap mit bereits geplanten Funktionen. Für spezifische Probleme finden Sie auf der Alfresco-Website ein Verzeichnis mit lokalen Partnern, die auf Adaptionen etc. spezialisiert sind. Interessante deutschsprachige Inhalte zu Alfresco gibt es leider nicht.

Index

X

Z

Weitere Brain-Media.de-Bücher

Dreambox 8000 kompakt

Die Dreambox 8000 stellt ihre Vorgänger allesamt in den Schatten. Was Sie alles mit der Dreambox 8000 anfangen können, verrät Ihnen die Neuauflage unseres Dreambox-Klassikers. Mit einem Vorwort des Dream Multimedia-Geschäftsführers Karasu.

Umfang: 450 Seiten plus CD
ISBN: 978-3-939316-90-9
Preis: 29,80 EUR

X-Plane 10 kompakt

Der Klassiker unter den Flugsimulatoren geht in die zehnte Runde. Viele neue Funktionen und verbessertes Handling warten auf die Anwender. Kein Wunder also, dass die Fangemeinde wächst und wächst. Unser Handbuch beschreibt alles, was Sie für das Fliegen mit X-Plane wissen sollten.

Umfang: 430 Seiten
ISBN: 978-3-939316-96-1
Preis: 24,80 EUR

Audacity 2.0 kompakt

Audacity ist zweifelsohne das beliebteste freie Audioprogramm. Vom anfänglichen Geheimtipp hat sich der Editor zum Standard für die Aufzeichnung und Bearbeitung von Audiodaten gemausert. Das Vorwort steuert der ehemalige Core-Entwickler Markus Meyer bei.

Umfang: 306 Seiten
ISBN: 978-3-95444-027-6
Preis: 24,80 EUR

Evernote kompakt

Bei der alltäglichen Informationsflut wird es immer schwieriger, Wichtiges von Unwichtigem zu trennen, Termine und Kontakte zu verwalten. Mit Evernote können Sie diese Flut bändigen und Ihren Alltag optimieren. "Evernote kompakt" vermittelt das notwendige Know-how für den Einsatz von Evernote auf Ihrem Desktop, Smartphone und online.

Umfang: 320 Seiten
ISBN: 978-3-95444-098-6
Preis: 22,80 EUR

Fire TV kompakt

Mit Fire TV hat Amazon eine tolle kleine Box für das Online-Entertainment auf den Markt gebracht, die für wenig Geld die gesamte Palette der Internet-basierten Unterhaltung abdeckt. In diesem Handbuch erfahren Sie, was Sie alles mit der kleinen Box anstellen können.

Umfang: 182 Seiten
ISBN: 978-3-95444-172-3
Preis: 16,80 EUR

Magento SEO kompakt

Magento ist die Standardumgebung für den Aufbau eines Online-Shops. Doch damit Sie mit Ihren Shop-Angebot auch im Internet wahrgenommen werden, müssen Sie ein wenig die Werbetrommel rühren und den Shop für Google & Co. optimieren. Mit wenigen Handgriffen machen Sie Ihren Online-Shop SEO-fest und maximieren Ihre Verkäufe.

Umfang: 100 Seiten
ISBN: 978-3-95444-098-6
Preis: 14,80 EUR

Wireshark kompakt

Wireshark ist der mit Abstand beliebteste Spezialist für die Netzwerk- und Protokollanalyse. In diesem Handbuch lernen Sie, wie Sie mit dem Tool typische Administratoraufgaben bewältigen. Das Buch beschränkt sich dabei auf die wesentlichen Aktionen, die im Admin-Alltag auf Sie warten, und verzichtet bewusst auf überflüssigen Ballast.

Umfang: 170 Seiten
ISBN: 978-3-95444-176-1
Preis: 16,80 EUR

Scribus 1.5 kompakt

Scribus ist längst ein ebenbürtiger Gegenspieler von InDesign & Co. In unserem Handbuch erfahren Sie alles, was Sie für den erfolgreichen Einstieg wissen müssen.

460 Seiten Praxis-Know-how. Dazu viele Tausend ClipArts und Schriften zum kostenlosen Download.

Umfang: 460 Seiten
ISBN: 978-3-95444-124-2
Preis: 27,80 EUR

Weitere Titel in Vorbereitung

Wir bauen unser Programm kontinuierlich aus. Aktuell befinden sich folgende Titel in Vorbereitung:

- Android Forensik
- Android Security
- WordPress 4.x kompakt
- Smart Home kompakt
- Das papierlose Büro
- VirtualBox 5.0 kompakt
- wa3f kompakt
- SmoothWall kompakt

Plus+

Plus+ – unser neues Angebot für Sie ... alle E-Books im Abo. Sie können 1 Jahr lang alle Brain-Media-Bücher als E-Book herunterladen und diese auf Ihrem PC, Tablet, iPad und Kindle verwenden – und das ohne irgendwelche Einschränkungen. Das Beste: Plus+ schließt auch alle jene Bücher ein, die in diesem Jahr noch erscheinen.

Und das zum Sonderpreis von 29 Euro! Ein unschlagbares Angebot!

Auf unserer Website steht ein detaillierter Überblick aller Titel im PDF-Format zum Download bereit (ca. 6,2 MB), der bereits zu Plus+ gehörende Titel aufführt und die in naher Zukunft hinzukommen.